思理 | 中外哲学研究书系

国家社科基金青年项目"自然美的意识形态性研究"
（23CZW005）阶段性成果

西方环境美学
"连续性"思想研究

冯佳音　　著

知识产权出版社
全国百佳图书出版单位
——北 京——

图书在版编目（CIP）数据

西方环境美学"连续性"思想研究/冯佳音著.
北京：知识产权出版社，2025.5. —（思理：中外哲
学研究书系）.—ISBN 978 - 7 - 5130 - 9884 - 7

Ⅰ. X1 - 05

中国国家版本馆 CIP 数据核字第 2025XK3029 号

责任编辑：罗　慧　　　　　责任校对：潘凤越
封面设计：乾达文化　　　　责任印制：刘译文

西方环境美学"连续性"思想研究

冯佳音　著

出版发行：	知识产权出版社 有限责任公司	网　址：	http://www.ipph.cn
社　址：	北京市海淀区气象路 50 号院	邮　编：	100081
责编电话：	010 - 82000860 转 8343	责编邮箱：	lhy734@126.com
发行电话：	010 - 82000860 转 8101/8102	发行传真：	010 - 82000893/82005070/82000270
印　刷：	天津嘉恒印务有限公司	经　销：	新华书店、各大网上书店及相关专业书店
开　本：	720mm×1000mm　1/16	印　张：	14
版　次：	2025 年 5 月第 1 版	印　次：	2025 年 5 月第 1 次印刷
字　数：	200 千字	定　价：	88.00 元

ISBN 978 - 7 - 5130 - 9884 - 7

序

乙巳孟夏，冯佳音博士的第一部著作《西方环境美学"连续性"思想研究》即将付梓，嘱我作序，作为导师，我自然非常高兴，欣然允之。

冯佳音曾在我指导下攻读硕士与博士学位，和我一起学习了六年时间。佳音非常聪慧，也很用功，她博士学位是提前一年毕业的，这在当前博士延迟毕业的风潮中比较少见，说明她在攻读博士学位期间学习和研究是极其努力和认真的。

山东大学文艺美学研究中心是国内生态美学研究的重镇，我到中心工作以来一直从事生态美学与自然美学的研究，佳音自然就跟随我从事这方面的研究。她的硕士论文做的是西方环境美学中的"连续性"问题研究，写得比较扎实，读博士的时候硕士论文中的几个章节作为单篇论文已经在一些重要期刊发表，这为其博士阶段的学习奠定了一个很好的基础。她的硕士论文还获得了省级优秀硕士论文。博士论文做的是中西生态审美观比较研究，难度很大，但她还是把这个难题解决了，博士论文答辩时给答辩委员会留下了深刻的印象。本书在其硕士论文的基础上扩展、修改而成，相较于原版论文，书中增加了她的许多新思考：一方面对西方环境美学之前的"连续性"思想作了更充分的探讨；另一方面以"连续性"思想为基点，探究了中西方生态（环境）美学的互释与会通。也就是说，在回望历史与放眼未来两个方面作了补充和修订。

自20世纪90年代西方环境美学传入我国以来，学界对其作了大量研究。尽管由于时代的变化、人工智能的兴起，环境美学并非当下"时髦"

的话题，但本书选取"连续性"问题作为切入点，重新审视西方环境美学的核心问题与内在的演进逻辑，视角较为新颖。那么，"连续性"思想何以能够作为核心线索重构西方环境美学？本书认为"连续性"问题实质上是"过程性"的"关系"问题，这契合了环境美学对人与自然、身体与环境关系的探讨，以及对环境审美过程及其时间性与空间性的研究。也正是在此意义上，许多环境美学家虽未像阿诺德·伯林特一样明确使用"连续性"这一概念，但其理论中却蕴含着丰富的"连续性"思想。

此外，本书试图在西方环境美学之外，强调"连续性"上升为一种具有普遍性和一般性的思维方式的潜能，并以此为基点探究中西方生态（环境）美学的会通以及中国当代生态美学的建构。可以说，这是伯林特"连续性"形而上学理路的一场思想实践。正如伯林特所言："连续性并不限于环境，它是实现更一般的形而上理解的关键，就如同 19 世纪的进化论一样。"事实上，尽管从西方哲学内部来看，可以说，在 20 世纪中叶以前通过揭示世界的联系和"连续性"来把握世界的方式还只处于哲学研究的边缘而非主流，但是从世界哲学的范围来看，这种思维方式在非西方国家已普遍存在，这也正是西方环境美学与中国传统生态审美思想内在结构的一致性所在。

也需要指出，本书依然存在可以拓展和完善的空间。虽然西方环境美学缺少对形而上学问题的探讨，但许多环境美学家都具有分析哲学或现象学的哲学背景，这样的思想基础如何影响其环境美学中"连续性"思想的形成值得深入探究。另外，除卡尔松与伯林特之外，诸如赫伯恩、罗尔斯顿、巴德、斋藤百合子等环境美学家，本书虽均有探讨，但大多作为"对话"存在，对其"连续性"思想的挖掘不够全面。当然，本书主要以认知主义与非认知主义学派的"双峰"为研究范例，对其他环境美学家关注不够也在情理之中。

佳音目前已在河北大学指导硕士研究生，完成了从学生到教师的身份转换，这一路走来，她一直在不断成长。希望未来她能锻造自身的"连续性"：一方面学会理解和接纳变化是生命的常态，不断增强自身的韧性；另一方面学会在变化中保持稳定的内核，探求更坚实的自我认同，不忘初心，行稳致远。

是为序。

胡友峰

2025 年 4 月 29 日于山东济南

目 录

CONTENTS

绪　论

一、环境美学中的"连续性"问题研究综述

环境美学（Environmental Aesthetics）在西方萌芽于 20 世纪 60 年代，罗纳德·赫伯恩（Ronald Hepburn）于 1966 年发表了一篇名为《当代美学与自然美的忽视》（Contemporary Aesthetics and the Neglect of Natural Beauty）的文章，引发了学界关于自然美的讨论。自此，西方环境美学的理论研究逐渐形成两大阵营：一是以艾伦·卡尔松（Allen Carlson）为代表的认知主义一派，其强调科学知识在环境审美中的重要地位，包括玛西娅·缪尔德·伊顿（Marcia Muelder Eaton）、马尔科姆·巴德（Malcolm Budd）、斋藤百合子（Yuriko Saito）等学者；二是以阿诺德·伯林特（Arnold Ber-leant）为代表的非认知主义一派，其强调感知、想象、情感等非认知因素在环境审美中的重要性，包括诺埃尔·卡罗尔（Noel Carroll）、谢丽尔·福斯特（Cheryl Foeter）等学者。此外，以认知主义与非认知主义为两端，诸多学者试图在其间找到一个平衡。例如，罗纳德·摩尔（Ronald Moore）在发展一种自然审美的"融合美学"（syncretic aesthetics）时，就将主体所具备的科学知识与想象力并置为自然审美的两大支柱。❶ 福尔摩斯·罗尔斯顿（Holmes Rolston Ⅲ）既看重科学知识的作用，也强调身体参与环境审美的重要性。❷ 艾米莉·布雷迪（Emily Brady）提出"整合审美"（inte-grated aesthetic）❸，强调环境欣赏的多感官参与及想象、情感和知识的

---

❶ See Ronald Moore, *Natural Beauty: A Theory of Aesthetics Beyond the Arts*, Peterborough: Broadview Press, 2008, pp. 32~36.

❷ See Holmes Rolston Ⅲ, The Aesthetic Experience of Forests, in Allen Carlson & Arnold Berleant, eds. *The Aesthetics of Natural Environments*, Peterborough: Broadview Press, 2004, pp. 188~189.

❸ Emily Brady, *Aesthetics of the Natural Environment*, Edinburgh: Edinburgh University Press, 2003, p. 120.

综合。

值得注意的是，诸多学者跳出了认知—非认知的二元框架，强调环境审美的自由与多元，表现出后现代主义倾向。例如，约翰·安德鲁·费希尔（John Andrew Fisher）在探究自然声音审美时指出，自然声音的复杂性和人类聆听方式的多样性使自然声音审美不受限制。❶ 托马斯·海德（Thomas Heyd）则支持一种"后现代方式"，即任何"故事"（story or account）如果能引发人们对自然事物审美属性的关注，那它就具有自然审美相关性。❷ 也有学者同样跳出了认知—非认知的二元框架，但走向了相反的方向。斯坦·伽德洛维奇（Stan Godlovitch）认为无论是认知模式还是非认知模式，均基于人类中心主义立场，都有其困境，而唯一恰当的自然审美体验是一种神秘感，即一种欣赏的不可理解状态、一种对自然的无所归依感和疏离感。❸ 实际上，认知主义与非认知主义的派别区分并不绝对，如果说在环境美学发展前期，这样的区分有助于厘清环境美学的演进脉络和理论谱系，那么在环境美学发展后期，新的理论增长点则恰恰存在于认知与非认知的交叉融合地带。

虽然环境美的概念及环境欣赏在我国古已有之，但国内环境美学研究的萌芽出现于 20 世纪 80 年代，也有学者从更宽泛的意义上把环境美学的起点追溯到 20 世纪五六十年代美学大讨论对自然美问题的探讨❹。20 世纪 80 年代初，郑光磊《环境美学浅谈》（1980）❺、黄浩《环境美学初探》（1984）❻ 探讨了什么是环境美学、环境美学要回答的首要问题、环境美学

---

❶ See John Andrew Fisher, What the Hills Are Alive With: In Defense of the Sounds of Nature, in Allen Carlson & Arnold Berleant, eds. *The Aesthetics of Natural Environments*, Peterborough: Broadview Press, 2004, pp. 232~247.

❷ Thomas Heyd, Aesthetic Appreciation and the Many Stories about Nature, in Allen Carlson & Arnold Berleant, eds. *The Aesthetics of Natural Environments*, Peterborough: Broadview Press, 2004, pp. 269~279.

❸ Stan Godlovitch, Icebreakers: Environmentalism and Natural Aesthetics, in Allen Carlson & Arnold Berleant, eds. *The Aesthetics of Natural Environments*, Peterborough: Broadview Press, 2004, pp. 108~123.

❹ 参见陈望衡：《环境美学》，武汉大学出版社 2007 年版，第 43 页。

❺ 郑光磊："环境美学浅谈"，载《环境保护》1980 年第 4 期，第 38~40 页。

❻ 黄浩："环境美学初探"，载《环境管理》1984 年第 4 期，第 42~44 页。

的构成等基本问题。20 世纪 90 年代初,齐大卫《环境美学刍议》(1990)❶
立足于马克思主义美学原理,论述了环境美学在理论与实践上需要解决的
四大问题。与此大致同时期,俄国学者曼科夫斯卡娅的文章《国外生态美
学》发表于《国外社会科学》第 11、12 期,该文较为详尽地介绍了瑟帕
玛、卡尔松等人的理论❷,因而,她称为"生态美学"的理论实际上是环
境美学。此后,对西方环境美学的译介渐渐开始结合国内语境,并融合中
国传统美学思想。

至 21 世纪初,国内的环境美学研究日渐兴盛,以陈望衡为代表的学者
们的研究形成了独具特色的中国环境美学。陈望衡在《环境美学》(2007)
中,系统论述了环境美学的学科性质、哲学基础,环境美的性质、功能与
本体,自然环境美、农业环境美、园林美与城市环境美。❸ 此后他在《我
们的家园:环境美学谈》(2014)中又作了进一步阐述,论述了环境美学
的兴起、主题(乐居)、环境美的根本性质(家园感)、本体(景观)以及
自然环境美、农业环境美和城市环境美等。❹ 值得注意的是,陈望衡与范
明华主编了《中国古代环境美学史》(2024),这套七卷本丛书对中国古代
环境审美思想作了系统梳理。❺ 薛富兴《艾伦·卡尔松环境美学研究》
(2018)既系统研究了艾伦·卡尔松的环境美学理论,又结合中国传统审
美思想对自然美与自然审美的基本问题作了新的拓展与建构。❻ 彭锋《完
美的自然:当代环境美学的哲学基础》(2005)从哲学本体论的角度反思
了自然美,并论证了"自然全美"思想,从而为环境美学建立哲学基础。❼
程相占《环境美学概论》(2021)从环境审美的对象论、方式论、价值论

❶ 齐大卫:"环境美学刍议",载《环境保护》1990 年第 8 期,第 26～28 页。
❷ Н. Б. 曼科夫斯卡娅:"国外生态美学"(上、下),由之译,载《国外社会科学》1992 年第
11、12 期,第 33～37、23～26 页。
❸ 陈望衡:《环境美学》,武汉大学出版社 2007 年版。
❹ 陈望衡:《我们的家园:环境美学谈》,江苏人民出版社 2014 年版。
❺ 陈望衡、范明华:《中国古代环境美学史》,江苏人民出版社 2024 年版。
❻ 薛富兴:《艾伦·卡尔松环境美学研究》,安徽教育出版社 2018 年版。
❼ 彭锋:《完美的自然:当代环境美学的哲学基础》,北京大学出版社 2005 年版。

与规划设计论的角度系统研究了环境美学。❶ 胡友峰《西方环境美学的话语形态与理论进展》（2019）、《自然美理论重建的三条路径》（2021）、《自然美"可生长性"的形上追思》（2022）、《自然美理论重建的知识学考察》（2024）等系列论文形成了从环境美学到自然美学的深化研究，为当代环境美学与自然美学的建构提供了新的思路。❷ 杨平《环境美学的谱系》（2007）对自然美学、自然审美以及环境美学、环境审美批评、环境保护、环境教育等相关问题做了全面梳理。❸ 刘成纪《物象美学：自然的再发现》（2002）、《自然美的哲学基础》（2008）虽不是严格意义上专门研究环境美学的著作，但其对自然美的本体论研究为环境美学的建构提供了重要借鉴。❹ 此外还有众多学者针对环境美学兴起的原因与背景、基本理念、研究主题、审美模式、学科定位、意义影响、问题缺陷等方面进行研究。例如，谭好哲《当代环境美学对西方现代美学的拓展与超越》（2013）❺、李庆本《卡尔松与欣赏自然的三种模式》（2014）❻、史建成《北美环境美学基本问题》（2023）❼、王中原《自然美和艺术美的关系及其与美学的体系性建构：从康德美学到环境美学》（2019）❽、赵红梅《新时

---

❶ 程相占主编：《环境美学概论》，山东文艺出版社 2021 年版。

❷ 胡友峰："西方环境美学的话语形态与理论进展"，载《浙江社会科学》2019 年第 3 期，第 117～126、159 页。胡友峰："自然美理论重建的三条路径"，载《南京社会科学》2021 年第 6 期，第 140～149、178 页。胡友峰："自然美'可生长性'的形上追思"，载《南京大学学报》2022 年第 3 期，第 93～104、159～160 页。胡友峰："自然美理论重建的知识学考察"，载《厦门大学学报（哲学社会科学版）》2024 年第 4 期，第 130～141 页。

❸ 杨平：《环境美学的谱系》，南京出版社 2007 年版。

❹ 刘成纪：《物象美学：自然的再发现》，郑州大学出版社 2002 年版。刘成纪：《自然美的哲学基础》，武汉大学出版社 2008 年版。

❺ 谭好哲："当代环境美学对西方现代美学的拓展与超越"，载《天津社会科学》2013 年第 5 期，第 113～119 页。

❻ 李庆本："卡尔松与欣赏自然的三种模式"，载《山东社会科学》2014 年第 1 期，第 86～90 页。

❼ 史建成：《北美环境美学基本问题：从传统对当代的影响视野出发》，中国社会科学出版社 2023 年版。

❽ 王中原："自然美和艺术美的关系及其与美学的体系性建构——从康德美学到环境美学"，载《浙江社会科学》2019 年第 3 期，第 127～133、159 页。

代环境美学的本质思考》（2020）❶、杨文臣《环境美学与美学重构：当代西方环境美学探究》（2019）❷、赵玉《当代西方环境美学的内在问题》（2012）❸，等等。

　　西方环境美学因蕴含生态维度，也被学者纳入广义的生态美学视域进行研究。例如，曾繁仁在《生态存在论美学论稿》（2009）❹、《生态美学导论》（2010）❺ 等著作中把西方环境美学看作生态美学的重要理论资源。曾繁仁《论生态美学与环境美学的关系》（2008）❻，程相占《论环境美学与生态美学的联系与区别》（2013）❼、《生态美学与环境美学之异同再辨》（2024）❽ 等文章对生态美学与环境美学的关系作出了辨析。张法《当代西方美学的全球化面相（1960 年以来）》（2017）把环境美学与生态批评、景观学科一并纳入"生态型"美学，并系统梳理了三大流派的发展脉络和历史演进。胡友峰把西方环境美学看作广义的生态美学，在《西方生态美学的缘起、发展与转型》（2022）中认为生态美学的学科建构具有从自然到环境再到生态的内在逻辑承接性。❾ 岳芬《西方环境美学中的中国生态思想影响研究》（2017）❿、周艳鲜《发生学视域下西方环境美学与中国生态美学的比较研究》（2019）⓫ 等学位论文对西方环境美学、中国传统生态

　　❶ 赵红梅："新时代环境美学的本质思考"，载《郑州大学学报（哲学社会科学版）》2020 年第 1 期，第 5 ~ 8、127 页。
　　❷ 杨文臣：《环境美学与美学重构》，北京大学出版社 2019 年版。
　　❸ 赵玉："当代西方环境美学的内在问题"，载《文艺理论研究》2012 年第 6 期，第 95 ~ 100 页。
　　❹ 曾繁仁：《生态存在论美学论稿》，吉林人民出版社 2009 年版。
　　❺ 曾繁仁：《生态美学导论》，商务印书馆 2010 年版。
　　❻ 曾繁仁："论生态美学与环境美学的关系"，载《探索与争鸣》2008 年第 9 期，第 61 ~ 63 页。
　　❼ 程相占："论环境美学与生态美学的联系与区别"，载《学术研究》2013 年第 1 期，第 122 ~ 131、160 页。
　　❽ 程相占："生态美学与环境美学之异同再辨"，载《学术研究》2024 年第 2 期，第 144 ~ 153、178 页。
　　❾ 胡友峰："西方生态美学的缘起、发展与转型"，载《社会科学辑刊》2022 年第 4 期，第 156 ~ 167 页。
　　❿ 岳芬：《西方环境美学中的中国生态思想影响研究》，苏州大学博士学位论文，2017 年。
　　⓫ 周艳鲜：《发生学视域下西方环境美学与中国生态美学的比较研究》，广西民族大学博士学位论文，2019 年。

思想及当代生态美学作了比较研究。

另外，虽然作为审美对象的"环境"既包含自然环境，也包含人文环境，但西方环境美学兴起于对自然的关注，并以自然环境审美为研究重点，因而环境美学也顺理成章地被纳入自然美学研究的视域之内。例如，胡友峰《自然美理论重建的三条路径》（2021）❶、《自然审美：视觉的与听觉的》（2022）❷ 等文章把环境美学看作从"环境"维度对自然美理论进行重建的一条重要路径，并以环境美学为理论资源研究了自然审美方式。刘成纪《自然美的哲学基础》（2008）对生态美学、景观美学与环境美学作出辨析，认为三者都指向同一个审美对象，即自然，因而所谓三种美学形态属于同一个整体性的自然美学，但由于"自然美学"这个称谓很容易与传统立于机械自然观的自然美学发生混淆，所以他将这一整体性的自然美学称为"新自然美学"❸。

总体而言，环境美学已有较为丰富的理论形态，但如陈望衡所述："虽然各位学者均建立了自己的美学思想，但并没有建立起环境美学的体系。因此，关于环境美学，还有许多问题需要进一步弄明白。"❹ 因而，不仅不同环境美学思想之间需要进一步融通，而且包括"连续性"问题在内的诸多具体问题也有待进一步探究。

关于本书要探讨的西方环境美学中的"连续性"思想，已有研究成果主要围绕伯林特的"连续性"理论展开。

埃诺尔·G. 查尔顿（Noel G. Charlton）在其著作《理解贝特森：心灵、美与神圣地球》中，对比了格雷戈里·贝特森（Gregory Bateson）与

---

❶ 胡友峰："自然美理论重建的三条路径"，载《南京社会科学》2021 年第 6 期，第 140～149、178 页。

❷ 胡友峰："自然审美：视觉的与听觉的"，载《中国人民大学学报》2022 年第 2 期，第 167～178 页。

❸ 刘成纪：《自然美的哲学基础》，武汉大学出版社 2008 年版，第 289 页。

❹ 陈望衡："环境美学是什么?"，载《郑州大学学报（哲学社会科学版）》2014 年第 1 期，第 101 页。

伯林特的理论。他认为二者都拒绝二元论，伯林特强调主体与艺术或自然物之间并不是分离的，而自然与文化之间同样如此；对贝特森而言，"在心灵和身体、意识和无意识、精神和物质、事实和价值、自我和他者、人类和自然之间，或者在人类和世界上可能存在的任何内在神性之间，不存在二元对立。他甚至否认善与恶的二元性，认为善与恶是相互关联的、可变的，依赖于相关事物的相互作用。"❶ 因而，二者都坚持一种最高程度的一元论的"连续性"思想。此外，查尔顿认为二者对知觉过程的现象学理解是一致的，他们都将"参与"和"整合"作为自己的中心议题。因而，在具体的审美方式层面，二者都坚持一种"连续性"的审美方式，"连续性"是参与和整合的重要原则；在理论方法层面，二者在艺术与自然相连续的层面，强调用一种单一的理论方法来欣赏艺术和自然既是充分的，又是可取的。

值得重视的是，在对伯林特"连续性"理论的研究中不乏跨领域、跨学科的研究。例如，人类学家与考古学家玛丽特·K. 芒森（Marit K. Munson）在其著作《美国西南部艺术考古学》中着重关注了伯林特的"连续性"的审美方式，他认为伯林特的审美理论"本质上是一种人类学方法，它对不同的传统和艺术类型更加开放，认识到环境和文化细节的重要性"❷。再如，斋藤百合子的研究领域从自然和环境美学扩展至日常生活美学，与此同时其也在日常生活美学中拓展了"连续性"问题。

而国内对伯林特"连续性"思想的研究主要包含以下四个方面。

第一，关注伯林特"连续性"思想的起源，探究其对约翰·杜威（John Dewey）美学的继承与发展。如张敏、王会方《论环境美学中的"连续性"问题——从杜威美学到参与美学》（2011）❸，以及张超、崔秀芳《经验的

---

❶ Noel G. Charlton, *Understanding Gregory Bateson*: *Mind*, *Beauty*, *and the Sacred Earth*. Albany: The State University of New York Press, 2008, p. 155.

❷ Marit K. Munson, *The Archaeology of Art in the American Southwest*, Plymouth: AltaMira Press, 2011, p. 123.

❸ 张敏、王会方："论环境美学中的'连续性'问题——从杜威美学到参与美学"，载《中南林业科技大学学报（社会科学版）》2011 年第 1 期。

美学与身体的经验——阿诺德·柏林特介入美学对约翰·杜威经验美学的承续与超越》(2014)❶，论述了伯林特参与美学中的"连续性"思想对杜威美学的继承与发展。

第二，伯林特环境审美"参与模式"中的"连续性"问题。廖建荣《论环境审美的参与模式》(2017)认为阿诺德·伯林特提出的具有经验性、连续性、身体化和环境邀请特征的参与模式很好地解决了"环境如何审美"的难题。❷ 张赟《阿诺德·柏林特的参与美学研究》(2011)注意到了伯林特早期思想中"审美场域"理论的重要性，进而论述了包括感官经验、艺术与生活、人与环境在内的多维度的"连续性"。❸ 宋艳霞《阿诺德·伯林特审美理论研究》(2014)在论述审美场理论的建构时也提及"连续性"，但并未详细地展开论述。❹ 肖双荣的《主体美学如何走向环境》(2012)论述了在伯林特的环境美学中，审美经验的"连续性"打破了传统美学的主客二分。❺

第三，探究伯林特环境美学中"连续性"思想的形而上学维度。这方面的研究很少，就笔者视野所及，主要有邓军海的《连续性形而上学与阿诺德·伯林特的环境美学思想》(2008)，该文论述了"连续性形而上学"与"分离的形而上学"的区别，以及其与环境、审美及环境美学学科定位的关系。❻

第四，在对环境美学身体维度及身体美学的研究中，"连续性"问题得到密切关注。韦拴喜的《环境美学与身体美学：一种可能的融通》(2012)认为，"连续性"与实用主义之间有内在的关联性，这为环境美学

---

❶ 张超、崔秀芳："经验的美学与身体的经验——阿诺德·伯林特介入美学对约翰·杜威经验美学的承续与超越"，载《山东大学学报（哲学社会科学版）》2014 年第 5 期。

❷ 廖建荣："论环境审美的参与模式"，载《贵州大学学报（社会科学版）》2017 年第 1 期。

❸ 张赟：《阿诺德·伯林特的参与美学研究》，山东大学硕士学位论文，2011 年。

❹ 宋艳霞：《阿诺德·伯林特审美理论研究》，山东大学博士学位论文，2014 年。

❺ 肖双荣："主体美学如何走向环境"，载《西北师大学报（社会科学版）》2012 年第 4 期，第 7 ~ 10 页。

❻ 邓军海："连续性形而上学与阿诺德·伯林特的环境美学思想"，载《郑州大学学报（哲学社会科学版）》2008 年第 1 期，第 148 ~ 151 页。

与身体美学的融通奠定了哲学基础。❶ 王燚的《环境美学视野下的身体问题》(2012)，将连续性作为环境美学身体维度的表现之一。❷

综上所述，对西方环境美学中"连续性"思想的研究主要集中于伯林特的环境美学，虽然其他环境美学家未像伯林特一样郑重而明确地提出"连续性"问题，但其理论中也蕴含着"连续性"思想。事实上，"连续性"问题在环境美学中自有其发展脉络，而厘清这一脉络的过程即深入理解环境美学的过程。以瑟帕玛为例，不同于伯林特，他采用分析哲学的思维方式，试图对环境美学进行一个系统化的勾勒。尽管他并未跳出传统美学主客二分的框架，以艺术欣赏模式来观照环境欣赏，但他严谨而细致地分析了环境区别于艺术的诸多特质，触及了"连续性"问题的诸多要素。例如在他看来，环境是动态的，是一个过程，"环境中的事物不仅是事物，还是连续的事件和事物变化的状态（生长，发展，死亡）"❸。因而，环境也是敞开而没有固定边界的，"环境一直在接受影响"❹。那么，就环境欣赏而言，他进一步指出："环境是一个普遍整体，人在其中走动并且可以从中挑选任何事物作为观察对象；观察的持续时间也许不同，观察者移动时，许多组事物系列便得以形成。在实践中，即使一片有限的区域也可以形成无限数量的不同系列。"❺ 由此，随着空间的转换与时间的推移，一层层的环境得以呈现，而欣赏者在每一个时空结合的点上，都有不同的欣赏体验。虽然瑟帕玛在主客二分的立场上忽略了欣赏者与环境的深层互动，但其在物理时空的维度上触及了人与环境的"连续性"。

因此，研究西方环境美学中的"连续性"思想不应局限于伯林特的理

---

❶ 韦拴喜："环境美学与身体美学：一种可能的融通"，载《河南师范大学学报（哲学社会科学版）》2012 年第 1 期，第 50 ~ 54 页。

❷ 王燚："环境美学视野下的身体问题"，载《郑州大学学报（哲学社会科学版）》2012 年第 3 期，第 76 ~ 79 页。

❸ ［芬］约·瑟帕玛：《环境之美》，武小西、张宜译，湖南科学技术出版社 2006 年版，第 95 页。

❹ ［芬］约·瑟帕玛：《环境之美》，武小西、张宜译，湖南科学技术出版社 2006 年版，第 96 页。

❺ ［芬］约·瑟帕玛：《环境之美》，武小西、张宜译，湖南科学技术出版社 2006 年版，第 100 页。

论，那些未被冠以"连续性"之名，但实际蕴含着"连续性"思想的环境美学理论，同样值得我们重视。此外，关于伯林特环境美学中"连续性"思想的研究也并不充分。首先，不同于绝大多数西方环境美学家对形而上学的排斥，伯林特将"连续性"上升到了形而上学的高度，并坦言"连续性"正日益成为其思考的基础，对于这一点，我们还未给予足够重视。其次，伯林特的"连续性"思想自其早期的"审美场"理论开始，到"参与美学"与环境美学，有着其自身的发展线索与脉络，以"审美场"理论为原点，我们能够更清晰地呈现"连续性"理论及其在伯林特环境美学思想中的重要地位，这方面也有待作进一步探究。

二、"连续性"思想之于环境美学的意义

笔者选取西方环境美学中的"连续性"思想作为研究对象，有以下三点考虑。

第一，"连续性"问题实质上是"过程性"的"关系性"问题，既然是"关系"，就涉及两个或两个以上的不同事物。在环境美学中，"连续性"的两端首先是人与自然，其次是身体与环境。就人与自然而言，"人"是"类"范畴，自然也涵盖无边。以伯林特为例，他认为一切事物都是自然中的一部分，"自然涵盖一切，所有事物都遵循相同的存在原则，展现相同的进程，体现相同的科学原理，都引发了同样的惊叹和同样的沮丧之情"[1]。我们常常将其概括为"自然之外无他物"。由此可见，人与自然的"连续性"问题是形而上的观念问题，处于前审美阶段，是审美前的思维准备。而就身体与环境而言，二者均是具体化的，是一个特定审美过程中的"身体"与"环境"，这是环境审美的直接性与当下性所决定的。因此，"连续性"问题是前审美及审美阶段的重要问题。如何对环境进行审美欣

---

[1] Arnold Berleant, *The Aesthetics of Environment*, Philadelphia: Temple University Press, 1992, p. 8.

赏是环境美学的首要问题，因而众多的环境美学家不遗余力地探究环境审美模式，诸如卡尔松自然欣赏的"环境模式"、伯林特的"参与模式"，等等。本书希望通过对"连续性"问题的全面考察，为环境审美方式的探究添砖加瓦。

第二，"连续性"问题所涉及的"人""自然""身体"与"环境"是环境美学中的重要范畴，并且由它们所引发的时间与空间问题同样是环境美学研究中的重要问题。在"连续性"之下，这些范畴不再是孤立的，而是由一条主线串起来的，从而可确定各自的相对位置。它们每一个都会成为其他范畴的参照，从而在关系中使自身更加明确。确定了这些重要范畴的相对位置，即厘清它们各自之间的关系，就有了环境美学的基本"骨架"。因此，从这个意义上讲，环境美学的基本问题即是"连续性"之下的关系问题，这是环境美学的一维。正如上文所述，"连续性"问题不仅是环境美学某方面的问题，它实际上贯穿了环境审美的始终，让我们能以一个不同于以往的新的视角去考察环境审美。

第三，以"连续性"问题为线索去考察西方环境美学，能够使我们对环境美学有更清晰而深入的认识，最终，能够由此对我国的美学发展有所助益。此外，在实践层面上，如陈望衡所言："主要的还不是学科发展的需要，而是现实的需要，环境的问题几乎摆到各种不同门类学科学者的案头。"[1] 环境美学的现实性与实践性也正在于此。近年来，我国正致力于解决环境问题、建设生态文明。2007 年，党的十七大报告首次明确提出建设生态文明的目标；2012 年，党的十八大将生态文明纳入中国特色社会主义事业"五位一体"的战略布局；2017 年，党的十九大提出"把我国建成富强民主文明和谐美丽的社会主义现代化强国"，并且以"加快生态文明体制改革，建设美丽中国"为专章描述生态文明，人与自然的和谐共生成为

---

[1] 陈望衡："建设温馨的家园·总序二"，见［芬］约·瑟帕玛：《环境之美》，武小西、张宜译，湖南科学技术出版社 2006 年版，第 1 页。

中华民族永续发展的千年大计。2022 年，党的二十大报告进一步强调"推动绿色发展，促进人与自然和谐共生"。因而，环境美学作为解决环境问题的理论资源，值得我们深入研究，笔者不揣浅陋，希望能对环境美学的发展以及环境问题的解决有所裨益。

三、本书的主要内容

本书以"连续性"思想为研究对象，以西方环境美学"双峰"卡尔松与伯林特的环境美学思想为重点研究内容，考察"连续性"思想在西方环境美学中的展开。一方面，期望以"连续性"为线索重新串联起西方环境美学的发展脉络与演进逻辑，从而从不同侧面重新审视西方环境美学并更好地回答环境美学的核心议题：欣赏什么以及如何欣赏；另一方面，期望能充分挖掘环境美学中的"连续性"思想资源，为中国美学的建设提供有益启发。本书的研究内容主要包括以下几个方面。

第一章着重于介绍"连续性"思想在古希腊的起源。"连续性"基本含义的确立及相关的理论研究起源于古希腊，伊奥尼亚学派、毕达哥拉斯学派、巴门尼德（Parmenides of Elea）、芝诺（Zeno of Elea）等均探讨过"连续性"问题，亚里士多德论述的"连续性"的三种含义最为全面深入。"连续性"思想在自然科学与人文科学整体浑融的古希腊时期，经历了从朴素的关系连续性到实体连续性的转变，进而在亚里士多德的实体连续论中得到了集中强化。实体连续性思想的产生与"分割"问题密切相关，它在探索万物的物质结构和宇宙本原的过程中产生，因而，从关系连续性到实体连续性转变的"节点"就在巴门尼德。实体连续性思想是西方传统的实体性思维的重要表现，它为此后"连续性"思想的演进勾画了基本的轮廓。

第二章重点分析古希腊之后"连续性"思想发展的两重典型形态。在古希腊之后，众多理论家如弗里德·威廉·莱布尼茨（Gottfried Wilhelm

Leibniz）、杜威等均自觉地以"连续性"的思维方式构建他们各自的理论。在莱布尼茨的实体连续性思想中，"连续性"成为世界运行的基本原则，通过将单子的"连续性"转化为知觉程度的"连续性"，"连续性"与其关于世界构成的学说"单子论"一道，奠定了其整个理论体系的形而上学基础。在杜威的关系连续性思想中，"连续性"成为杜威思想的逻辑基础和起点。正是从人、动物及有机物与其环境的连续性开始，杜威建立了"活的生物"的思想，而正是在人与环境的相互作用中，"经验"产生了，由此形成其"经验"第一性的一元论哲学。并且，杜威的"连续性"思想及其内在理路，对包括卡尔松与伯林特在内的许多西方环境美学家都产生了重要影响。

第三章和第四章以环境美学"双峰"伯林特与卡尔松的环境美学思想为范例，探究"连续性"思想如何影响并塑造了环境美学的致思方式与理论形态。

对于"连续性"思想与西方环境美学的致思方式的关系，学界注意到了"非认知阵营"的代表阿诺德·伯林特环境美学理论中的"连续性"思想，但对其早期"审美场"理论的奠基性作用，以及"审美场"与"连续性"在其整个环境美学中的融通的关注还不够。实际上，除了伯林特，其他许多环境美学家的理论中均蕴含着"连续性"思想，尽管他们不一定采用"连续性"之名，其中就包括"认知阵营"的代表艾伦·卡尔松。事实上，"连续性"问题的实质是"过程性"的"关系"问题，它涉及环境美学中人、自然、身体、环境、时间与空间等众多重要的范畴，并关乎环境美学的首要问题——如何审美地欣赏"环境"。

在西方环境美学中，"连续性"思维呈现出明显的"过程性"与"关系性"特征。前者强调环境的"动态性"与"无框性"，以及由此而引发的环境审美的过程性；后者强调人与环境的"连续性"意味着二者是平等而不分主客的，并相互影响、相互依存且相互成全，审美经验的获得意味着环境提供的可能性与审美个体的可能性的契合。实际上，西方环境美学普遍没有形而上学,卡尔松就对形而上学采取排斥的态度。虽然在当今时代,讲"形而上学"要慎重,但我们不妨跳出传统形而上学的框架,保持一种以解决实际问题为指向的开放心态,将"连续性"作为环境审美的一种先验的、基本的原则。"连续性"形而上学要求我们转变思维方式,进入与传统哲学不同的思考路径,承认普遍的"连续性"的存在,更多地看到事物之间的联系或相似性而非差别和个性,当然这并不意味着否认或不重视差别的存在。不过需要注意的是,伯林特立足于自身的理论建构,自觉地以"连续性"形而上学思想作为环境美学的指导思想,但卡尔松并未自觉地运用或并未明确地提出"连续性"。尽管如此,卡尔松的环境美学理论中还是蕴含着"连续性"的思想形态,相较于伯林特"强版本"的"连续性"思想,可以称为"弱版本"的"连续性"思想形态。

对于卡尔松而言,环境美学的基本问题是:欣赏什么以及如何欣赏?就自然环境而言,他主张采用"环境模式",这一模式强调整体、动态、全方位地欣赏自然环境。"整体"强调对象与其环境的有机整体性关联,包括物理意义上的时空的"连续性"以及生物生存的"连续性";"动态"与"全方位"强调经验的"连续性",即以获得日常生活经验的方式"浸入"并动态地体验环境,与此同时调动所有的感官与智性去感受,从而获得初步的经验并最终将其升华为审美经验。进而,类比自然生态系统,卡尔松将人类环境看作一个整体的人类生态系统,人类环境的"生态必然性"即为"功能适应"。实际上,人类环境更本质的生态必然性是"适应",它类似生物学上的"适者生存",即人类环境各要素在长久的磨合下,相互影响、相互协调、相互依存、平衡共生,这便是人类环境各要素的"连续性"所在,而这种"适应之美"也正是我们应该着重欣赏的。

伯林特环境美学中的"连续性"思想初步形成于其早期的"审美场"理论。首先,在审美欣赏的过程中,审美场中的各要素相互作用、相互依存并且边界变得模糊而对彼此开放,最后形成一个连续的审美经验统一体。其次,"审美场"本身作为审美经验得以形成的情境或语境,并不是封闭的、自足的，审美经验通过有意识的身体与人类生活中全部的个人经验及文化经验相连续。在此基础之上，伯林特重新定义了"环境"，以人与环境的"连续性"为起点，环境场内的各审美要素综合地、直接地作用于审美感知，而与此同时社会文化因素在与审美体验的"连续性"下，通过身体的持续在场间接地作用于审美感知，从而最终形成环境审美体验。与卡尔松主客二分哲学立场下的"连续性"思想形态不同的是，伯林特立足于去除主客二分的一元论。

第五章分析在"连续性"思想的观照下，环境美学理论所应指向的具体的审美方式。首先，在"连续性"形而上学的观照下，在具体的审美情境中，我们要做好观念上的准备，意识到人与环境在生命生存意义上的"连续性"。进而，人与环境的"连续性"在最基本的层面上意味着人的在场，或者说意味着"身体"的在场。这里的"身体"是身心合一的，或者说是"身体化"的，它不仅要求我们调动包括视觉、听觉、触觉、嗅觉、味觉以及肌肉运动知觉在内的所有感官，还要求我们充分调动自身的记忆、信仰、习惯、生活方式、价值判断等因素，积极地去感受环境。其次，环境特殊的时空性意味着我们所欣赏的"环境"是在其与欣赏者的互动中形成的，因而"环境"随时变化又随时形成，我们需要随时随地与环境互动并参与进去。再次，正如"连续性"强调"过程"，环境的连续性与流变性同样要求我们注重审美的"过程"，而不是最终的意义或结果。最后，我们不妨倡导一种包容性的环境审美，即注重个体丰富多元的审美体验过程，而不只是确立某种固定的欣赏模式或关注审美效果。回到审美体验本身及遵循"连续性"的指导原则，或许是调和环境审美中认知因素与非认知因素的重要途径。

第六章分析"连续性"思想与中西生态（环境）美学的会通。从广义上讲，西方环境美学也是生态美学的一种形态，因为它倡导去除人类中心主义、在人与自然关系层面强调二者的平等与交融，这也是其"连续性"思想的应有之义。相较"连续性"，"融贯性"这一概念更适合中国哲学和美学的语境，因为它能更精确地描述中国美学的特征。在中国传统的生态审美中，"融贯性"思想典型地体现在"天人合一"的观念中，并就人与自然相融贯的方式和程度而言，具体呈现为"天人相通"与"天人相类"两种情形。而在西方环境美学中，人与环境的"连续性"关系表现为三种具体形态：人—环境统一体、伦理共同体、环境场，二者有共性也有差异。中国生态美学的未来发展必定要以人与自然关系的建构为根本，而人与自然之间理想的关系状态是"共生"。中国古代生命一元论的宇宙观启示我们：只有在万物皆有且自有生命的基础之上，人与自然才能真正实现共生。因而，中国生态美学的未来发展需要在整体的思维方式层面采用"生命模式"，而不是"实体模式"或"技术模式"。

第一章

"连续性" 问题探源

　　“连续性”基本含义的确立以及相关理论的研究起源于古希腊，伊奥尼亚学派、原子论者、毕达哥拉斯学派、巴门尼德、芝诺、亚里士多德等均探讨过“连续性”问题。“连续性”思想在自然科学与人文科学整体浑融的古希腊时期，经历了从朴素的人与自然之连续性到实体连续性的转变，并在亚里士多德的实体连续论中得到了集中强化。实体连续性思想的产生与“分割”问题密切相关，它在探索万物的物质结构和宇宙本原的过程中产生。这一转变的“节点”可归为巴门尼德。实体连续性思想是西方传统的实体性思维的重要表现，虽然实体连续性也意在表明物质之间的联系，但在表层联系之下是更根本、更深层的分离，它为此后“连续性”思想的演进勾画了基本的轮廓。

第一节 “连续性”的语义学溯源

　　“连续性”的英文为“continuity”，最早出现在 15 世纪初，它源自古法语“continuité”，古法语又源自拉丁语“continuitatem”（主格形式为“continuitas”），意为“一个连贯的系列”，拉丁语“continuitas”来自“continuus”，表示“连接、与某物相连；一个接一个地延续”。而“continuus”则源自“continere”，“con－”意为“一起”，“tinere”意为“持有、保持”，意即“紧密相连、不间断”。由此可见，“con－”具有“整体性”意味，而“tinere”具有“过程性”意味，通过“continere”一词的构成，我们即可窥见“continuity”所蕴含的过程性与整体性意涵。❶

　　在《牛津高阶英语词典》中，“continuity”释义为：“不停止或不改变

---

❶ See *Online Etymology Dictionary*，https：//www.etymonline.com/search？q＝continuity.

（not stopping or not changing）这一事实"或"两个不同事物或同一事物的不同部分之间逻辑性的联系。"❶ 就字面意义而言，"连续性"涉及两个或两个以上事物之间的联系，并且这一联系是过程性的，而不是结果性的。因为"不停止或不改变"意味着有一个持续的过程，在整个过程中，一事物（或事物的某部分）因其与另一事物（或事物的另一部分）的联系而生成、变化和发展。在《简明牛津词典》中，"continuity"一词的含义也有同样的含义："某事物不间断的、一贯的存在或活动"❷。这里的"不间断的"（unbroken）以及"一贯的"（consistent）即点明了该词所蕴含的"过程性"。

而在斯坦福哲学百科全书中，"连续性与无穷小"这一词条是这样解释"连续的"（continuous）：它来源于拉丁词根，意即"连在一起"（to hang together）或"相互联系并形成一个整体（cohere）"。"'连续的'一词的通常意思是'不间断的'（unbroken）或'持续不断的'（uninterrupted），因此一种连续的实体——连续体——没有'断缺'（gaps）。我们通常认为时间和空间是连续的，有些哲学家坚持认为所有自然的过程都是连续的。例如，莱布尼茨著名的格言'natura non facit saltus'，即'自然无跳跃'。"并且，进一步来讲，"要成为连续的就要组成一个不间断的或持续不断的整体，就像海洋或天空。"而"连续性"的对立面是"离散性"（discreteness），"离散的即分离的，就像海滩上散落的鹅卵石或树上的叶子"。最后，它总结道："连续性意味着统一，而离散性意味繁杂。"❸ 由此可见，如果不同事物或同一事物的不同部分是连续的，那么它们会形成一个统一的整体，就如同大海，而不是海滩上散落的鹅卵石。

---

❶ 《牛津高阶英语词典》（第8版）（*Oxford Advanced Learner's Dictionary*）（8th Edition），牛津大学出版社 & 商务印书馆2012年版，第327页。

❷ *Concise Oxford Dictionary*（Tenth revised edition），New York：Oxford University Press，2001，p. 308.

❸ John L. Bell，Continuity and Infinitesimals，*Stanford Encyclopedia of Philosophy*. First published Wed Jul 27，2005；substantive revision Fri Sep 6，2013.

在字面意义之外，"连续性"在数学与物理学中有着更精准也更丰富多变的含义。在数学上，它与"无穷小""无限可分"等概念密切相关，并在函数、几何、微积分等领域被应用，它反对原子论，又曾几度被极限理论取代，可谓"身世曲折"。早在古希腊时期，亚里士多德就较为系统地论述过"连续性"的含义。中世纪医药学家和哲学家阿维琴纳（Avicenna）曾全面总结过亚里士多德关于"连续性"含义的探讨，他指出亚里士多德本人提供过至少三种关于"连续性"的不同论述：

第一种，如果 AB 能被分成总是可以进一步分割的东西，那么 AB 是连续的（《亚里士多德》1.1）；第二种，如果 A 和 B 有同一个外限（extremities），那么 A 和 B 是连续的（《物理学》6.1）；第三种，如果 A 和 B 在一个共同的边界（common boundary）上连接在一起，那么 A 和 B 是连续的（《范畴篇》6）。❶

究竟何为连续性，亚里士多德的这三种论述均可供我们参考，实际上，他对"连续性"含义的探讨为后世确立了基调。

在此基础上，后世诸多理论家都以"连续性"的思维方式构建其各自不同的理论，或者将"连续性"作为其思想的内在逻辑线索。例如，在开普勒的数学哲学思想中，开普勒提出了"连续性的桥梁"的原理，按照这个原理，多边形、圆、椭圆、抛物线是一个连续变化的序列，有限和无限是连续的而并无本质差别。这种模糊的"连续性"对天体运行轨迹的各种圆锥曲线的研究以及微积分"直"与"曲"的关系的理解具有重要的启发意义。正是"平行线可以看作相交于无限远处的相交线"的结论，暗含了无穷远点的存在和几何空间的无限性，从而启发了开普勒将焦点引入圆锥

---

❶ Jon McGinnis, Ibn Sina's Natural Philosophy, *Stanford Encyclopedia of Philosophy*. First published Wed Jul 27, 2005；substantive revision Fri Sep 6, 2013, https：//plato. stanford. edu/entries/ibn－sina－natural/.

曲线。而牛顿在解释平均速度向瞬时速度的过渡时也持有这种模糊的"连续性"观点。❶ 关于"连续性"究竟是什么，罗素曾讲道：

> 一般人和哲学家认为连续性就是没有分隔，如同浓雾时特有的一般区别全都消失一样。雾给人一种茫然无际的印象，不确定的多，也没有确定的区分。玄学家们所说的连续性便是这一种东西。他们说这种连续性是他们的心灵生活以及孩子的甚至动物的心灵生活的特征，这倒也是对的。❷

实际上，罗素这段话的意思同亚里士多德关于"连续性"的第三种论述很接近，即在"连续性"之下，事物的边界是模糊的，不同事物间没有明晰的分界线，彼此交融。而这种"连续性"不限于具体的物质层面，它同样可以发生在非物质性的精神层面，比如记忆或经验。

这就涉及一个重要问题：事物之间是否具有"连续性"与我们在何种层面上去看待它们的密切相关。认知语言学家乔治·莱考夫（George Lakoff）曾举过一个例子：设想你离一大群奶牛足够近，你能够分辨出一头头的单个奶牛，然后设想你离这群奶牛越来越远，直到你不能再分辨出单个的奶牛，你所感知到的只是一团连续的物质。总有这样一个点，在这个点上你停止感知离散的个体，而开始感知一团连续的物质。❸ 同为认知语言学家的罗纳尔德·W. 兰盖克（Ronald W. Langacker）也强调，我们是在不同层次上理解和感知世界的，这样就会对同一客观事物产生不同的描写。把客观事物看作离散性的或者是连续性的，这是人的一种基本认知能力的作用。这种认知能力被兰盖克称为"识解"（construal），即我们能够根据自己的

---

❶ 参见蒙虎：《十七世纪西方数学的自然哲学背景——沿着笛卡尔的"思路"》，西北大学博士学位论文，2003 年，第 27 页。

❷ ［英］罗素：《数理哲学导论》，晏成书译，商务印书馆 2012 年版，第 129 页。

❸ See George Lakoff, *Women, Fire, and Dangerous Things: What Categories Reveal About the Mind*, Chicago & London: University of Chicago Press, 1987, p. 428.

心理体验以不同方式认识和理解同一个情景的能力。❶ 因此，在可见世界中，事物之间是否连续还与我们的观察视角和相应的感知体验密切相关。这种感知的"连续性"不同于物理和数学上用于探究物质构成和数量关系的精确的"连续性"，它具有相对性。而感知是美学的核心议题，环境美学中的"连续性"不仅涉及人与环境在现实时空中的"连续性"，更涉及当下的审美感知及体验。

实际上，正如张景中在《数学与哲学》中所言："连续性的问题是自古以来哲学家们都谈论过的问题……毕达哥拉斯，芝诺，亚里士多德，莱布尼兹……都讨论过连续性。但如何建立'连续性'概念，却始终是哲学家面前的难题。"并且，不只在哲学上无法弄清这一概念，"对于数学家与物理学家，在弄清实数是什么之前，也总是说不清的"。❷ 但换个角度想，精准定义是自然科学的要求，哲学需要的不是一个精确无误的"连续性"，而是一个能不断激发人们思考与突破的"连续性"。

第二节 原初的人与自然之"连续性"

在人类发展的早期，人与自然还处于原初的未分离状态，二者的关系表现为朴素而无意识的"连续性"。之所以称其为"朴素"，是因为此时人与自然的联结在根本上基于人的生存本能，生命生存的需要让人们依赖自然，并与其建立强韧的纽带。如杜威所言："生命是在环境中进行的；不仅在环境中还凭借环境而生存，并与其相互作用。任何生物都并非仅仅生活在它的皮肤之下；它的皮下器官是与身体之外的东西相联系的手段，为了

---

❶ 参见谢应光："语言研究中的离散性和连续性概念"，载《重庆师范大学学报（哲学社会科学版）》2008 年第 2 期，第 63 页。

❷ 张景中：《数学与哲学》，大连理工大学出版社 2016 年第 2 版，第 5 页。

生存，它必须通过调解、防御以及征服来使自己适应环境。"❶ 对人类早期的生存而言尤其如此。因此，人与自然之间原初的"连续性"建立在生命进程的基础之上。那么这种"连续性"就不是外界赋予的或者后天强加的，而是根源于生命自身的内在需要和外在展开。同时，探索未知自然的欲望也让人们以自身的生命特征去观照自然，同构人与自然，并将宇宙结构投射进人类生活。

因而，此时人与自然之间的"连续性"是基于生存需求和宇宙探索而自然产生的，并非人类有意识建立的，只有社会发展到一定阶段，人与自然在一定程度上实现分离之后，人类才会有意识地反观自身与自然，才有可能有意识地恢复人与自然之间的"连续性"，因而真正的当代意义上的"连续性"思想具有反思性与重建意识，这是早期朴素的"连续性"思想所不具备的。

在人类思想领域，人与自然原初的"连续性"呈现为普遍存在的"物活论"或"万物有生论"（hylozoism）思想。"物活论"这一概念虽然最早由英国的库德华兹（R. Cudworth）于1678年在《宇宙的真正智力系统》中提出，但物活论的思想早已存在。在古希腊神话中，神与人同形同性便是物活思想的体现。并且，这种思想在古希腊早期宇宙观的发展中扮演了重要角色，"早期希腊哲学家常以此来解释宇宙万物的起源、演变和发展。伊奥尼亚学派哲学家泰勒斯、阿那克西曼德、阿那克西米尼、赫拉克利特等分别认为，万物都来自物质的本原水、'阿派朗'、气、火，这些本原在某种意义上是有生命的"❷。只有万物的本原是有生命的，由其生化而成的万物才能具有生命。古希腊人认为，"自然界不仅是有生命的，而且是有理智的；不仅是有自己的'灵魂'（soul）或生命的巨大动物，而且是一个有

---

❶ John Dewey, *Art as Experience*, New York: G. P. Putnam's Sons, 1980, p. 13.

❷ "阿派朗"希腊语为 ἄπειρον，也被翻译为"无定形"或"无限"等。冯契、徐孝通主编：《外国哲学大辞典》，上海辞书出版社2000年版，第527页。

自己'思想'（mind）的理性动物"❶。因此，在探索宇宙本原的过程中，自然被认为像人一样有生命，从而呈现了人与自然在普遍生命层面的"连续性"。从这个角度来看，人与自然之间的"连续性"不仅是"关系"维度的，还有着"生命"的物质基础。实际上，从词源上讲，"自然"（nature）这一概念本身就与生命相关，它源自拉丁文名词"nātūra"，其动词是"nāscor"，意即"出生""生长"，而"nātūra"是对古希腊词"φύσις"的翻译，而这个词是从动词"φύω"（成长）派生而来的。❷

具体而言，整个宇宙的生命节奏是相同的。

> 天分为昼和夜，年分为冬与夏，乃至更长的时间单位——时代，亦分为连续不断的进化与衰退。宇宙论学说把这个基本的周期性，与植物和动物的生活节奏，即花开和花谢、青春和老年、生和死，连接在一起。实际上，人类生活本身亦呈现着同样的上升与下降的过程，即欢乐与痛苦、幸福与灾难、富贵荣华与穷途末路等的交替和平衡。❸

古希腊哲学家从宇宙论出发，将人与自然的生命节奏囊括进整个宇宙的大的节奏之下，以整个宇宙的节奏统摄万物的节奏。此外，人与自然原初的连续性还在更一般的意义上呈现为人与宇宙万物的类比和同构。他们认为：

> 任何事物的相互联系，正是世界赖以存在的必要条件。根据这种观点，人性，连同人类的道德法则和理想，都与各种元素的活动和植物的生长密切相关。这种把一切概念任意延伸，使之既适合人为的过程，同时又适合简单的自然变化过程的做法，在宇宙学者关于宇宙生

---

❶ R. G. Collingwood, *The Idea of Nature*, London：Oxford University Press, 1945, p. 3.

❷ 参见谢文郁、谢一批："苏格拉底以前哲学家的本源论 - 本原论思路探讨——从 φύσις 和 αρχη 的汉译谈起"，载《云南大学学报（社会科学版）》2015 年第 2 期，第 26 页。

❸ ［美］凯·埃·吉尔伯特、［联邦德国］赫·库恩：《美学史（上）》，夏乾丰译，上海译文出版社 1989 年版，第 13 页。

活节奏的观点中，表现得十分突出。❶

也就是说，他们把世间万物都放入一个大的宇宙结构中，其中的每一部分都和其他部分密切相联，人与自然的联结正是建立在这种广泛联结的基础之上。因而，德谟克利特（Democritus）提出“小宇宙”这一概念来表示人，而毕达哥拉斯学派提出“小宇宙”模仿“大宇宙”，人间音乐是模仿天体音乐的学说。

此种同构具体表现为人与自然的物质构成相同。无论是泰勒斯的“水”、阿那克西曼尼的“气”、赫拉克利特的“火”，还是此后恩培多克勒提出的“四根”（火、土、水和气），它们作为“始基”构成包括人在内的宇宙万物，因而人与自然有着共同的物质本原。在更具体的层面，例如恩培多克勒在研究感官与感官对象的沟通问题时提出了“流射说”，他认为感觉的形成在于“有一些各自与一种感官的通道相配合的‘流射’”。以视觉为例，眼睛的内部由火构成，眼睛周围由土与气构成，通过火的通道，我们能看见发光的对象，而通过水的通道则能看到黑暗的对象，每类对象各自与一类通道相配合。❷ 因此，感觉形成的根本条件在于人与自然都是由同样的四种元素构成的，因而不同感官与对象之间才能形成相对应的通道，从而产生“流射”。

总体而言，以探索宇宙本原和构成为基调，由于人与自然在客观上处于未分离的状态，原初的“连续性”思想主要表现为人与自然的“连续性”。如叶秀山所言：“人是以自身的活动特点来比附自然界的运动变化的，同时也要用自然的原因来解释人的活动的特点，人和自然还处于不可分割的统一体中。”❸ 这种不可分割的统一体即人与自然原初的连续体。可

---

❶ ［美］凯·埃·吉尔伯特，［联邦德国］赫·库恩：《美学史（上）》，夏乾丰译，上海译文出版社1989年版，第12页。

❷ 参见北京大学哲学系外国哲学史教研室编译：《古希腊罗马哲学》，生活·读书·新知三联书店1957年版，第77～78页。

❸ 叶秀山：《前苏格拉底哲学研究》，生活·读书·新知三联书店1982年版，第47～48页。

以说，在人类历史发展的早期，这种原初的"连续性"是较为普遍的。方东美在比较中西方关于这一层面的共性时指出"在古代希腊不少哲学家，在中国历代所有大哲学家，对宇宙多持这种看法"，即认为"有一种普遍流行的盎然生意贯彻于宇宙全境"。❶

　　然而，古希腊人与自然之"连续性"思想的特质在于，它在产生之初便伴随着人与自然的区分和隔膜，人与自然的同构实质上是一种简单直接的类比思维，是以一物类比另一物，这就意味着物与物之间的区分。这与中国古代把世间万物看作宇宙大化流行之一部分的思想有着本质区别。此时，还未出现更为具体的针对自然或人本身的实体层面的"连续性"思想，或者说更具形而上学色彩的、蕴含了实体性思维的"连续性"思想。此后，随着生产力的发展，人与自然、物质与精神逐渐分离，在前苏格拉底时期，这种原初的"连续性"思想在实体性思维之下便已转化为鲜明的"实体连续性"思想。实际上，当我们讲一事物与另一事物相连续时，必然是在讲二者的关系，而这里之所以用"实体"，意在表达思想家探究宇宙本原时的基调已从人与自然的连续转向了人与自然的区分。

第三节　"分割"问题：前苏格拉底时期的 "实体连续性"思想

　　随着人与自然以及精神与物质的分离，人们在本体论层面产生了"实体连续性"思想。有学者认为："古希腊伊奥尼亚学派是最早的连续论者，他们认为物体的分割根本没有限度。"❷ 这一说法应该主要基于阿那克西曼德

---

❶ 方东美著，李溪编：《生生之美》，北京大学出版社 2009 年版，第 118 页。
❷ 《自然辩证法百科全书》编辑委员会编：《自然辩证法百科全书》，中国大百科全书出版社 1995 年版，第 343 页。

的思想，有学者认为阿那克西曼德提出万物的始基是"无限"（ἄπειρον）。但也有学者认为根据历史发展的客观规律，此时的"ἄπειρον"并不具有现代意义上"无限"的含义，应该被解释为"没有边缘的、无定形的、无定状的"，它本身是用来描述始基特性的，而并非一种新的始基，阿那克西米尼后来提出的始基"气"也具有这样的无定形的特性。● 在此不作更详细的解释与分析，这一解释的合理性是毋庸置疑的。因而，如果"ἄπειρον"只是用以描述始基的"无定形"特性，那么"古希腊伊奥尼亚学派是最早的连续论者"这一说法便不合理。

实际上，"实体连续性"问题的本质是"分割"问题，因为此时的"连续性"思想是在探索万物的物质结构和宇宙本原的过程中产生的，主要关注物质实体的连续与分割。

最早触及这一本质的当属爱利亚学派的巴门尼德。巴门尼德基于"真理"与"意见"或者说"存在"与"现象"的对立，强调"存在不可能有一个开端或终结，因为它既不能从非存在中产生，也不能变成非存在；它没有过去，也没有将来，只有现在。它是不可分割的（indivisible），因为它是处处都同一的东西，没有可以使它分割的东西"●。巴门尼德之所以触及"连续性"及分割问题，是因为这与其思想基础密切相关。首先，实体性是物质分割的条件。在这个时期，物质与精神还未完全分离，"对古代朴素的思想家来说，不占空间的'存在'是不可想象的。因此，巴门尼德的'一'，同样是物体性的，是在大的必然性的锁链制约下的物质的统一性"●。因此，"存在"和"一"都不是纯精神性的，而是具有实体性，要占空间，有体积和大小；当然，"存在"也不可能是纯实体性的，其应当是在精神与物质未完全分离状态下的精神性与实体性的混合。因而，巴门

● 参见叶秀山：《前苏格拉底哲学研究》，生活·读书·新知三联书店1982年版，第48～54页。

● Eduard Zeller, *Outlines of the History of Greek Philosophy*, Sarah Frances Alleyne and Evelyn Abbott, trans., New York: Henry Holt and Company, 1889, p. 61.

● 叶秀山：《前苏格拉底哲学研究》，生活·读书·新知三联书店1982年版，第164页。

尼德所讲的"分割"很大程度上与"存在"的实体性密切相关，只有实体性的存在才能够分割，这是古希腊众多早期思想家的共识。

那么，为何"存在"不可分割呢？因为巴门尼德认为存在是"一"，而不是"多"，这里的"一"不是毕达哥拉斯学派所讲的数的概念，而是统一，是完满，是"在大的必然性的锁链制约下的物质的统一性"，并且"存在"无论在时间上还是空间上都是不动、不变的。因而，无论从"存在"是"一"的角度，还是从"存在"不变的角度，它都是不可分割的。由此可见，在巴门尼德的思想体系中，不可分性是为描述"存在"或"一"的特性而提出的，其附属于"存在"和"一"这两个概念，还不是一个较为独立的问题。因此，何以"存在"不动、不变、具有统一性和完满性就不可分割？"分割"得以实现的条件是什么？巴门尼德并没有清晰地论述这些问题，对此作出较充分阐述的是他的学生芝诺。

芝诺作为巴门尼德的坚定拥护者，致力于反向论证存在是"一"且存在不动这一学说。

首先，为了证明存在是"一"，芝诺作出了存在是"多"的假设。他指出：

> 如果存在是多，它就必须每一个部分都有一定的大小和厚度，而且与别的部分有一定的距离。对于处在这一部分前面的那个部分，也可以说这样的话。那个部分自然也会有大小，也会有另外一个部分在它前面，这个同样的道理是永远可以说的。同一存在的任何一个这样的部分都不会是最外面的边界，决不会有一个部分没有其它部分与其相对。如果存在为多，那末它必然同时既是小的又是大的：小会小到没有，大会大到无穷。❶

---

❶ Hermann Diels, *Die Fragmente der Vorsokratiker*, vol. I, vol. II, 1954, p. 29, B. 1. 转引自叶秀山：《前苏格拉底哲学研究》，生活·读书·新知三联书店 1982 年版，第 165 页。

同他的老师一样，他认为"存在"占空间，有体积和大小。基于这一认知，如果存在是"多"，就会出现存在"既是小的又是大的"这一矛盾。因而，存在必定为"一"，这样它就没有"部分"，就不会出现既小又大的矛盾。我们看到，芝诺在这里进一步指出了"分割"问题的关键，即是否有"部分"，由于存在为"一"，没有部分，所以它是不可分割的。此外，更为重要的是，在当时的历史条件下，没有"无穷大"和"无穷小"的概念，芝诺认为无限分割的最终结果是"0"，增之不大，减之不小，因此，存在必定是不可分割的，因而必定为"一"，而不是"多"。

芝诺的逻辑显然存在漏洞，亚里士多德指出："他认为凡增之而不加大，损之而不减小的事物，均非实是，这样，他所谓实是显然都得有量度。如有量度，这又将是物体；实是之具有物体者，具有各个量向（长短，阔狭，深浅）。"❶ 也就是说，按照芝诺的理论，凡增之不大且损之不小的事物，例如"0"或"点"，都意味着不存在，那么存在（按："实是"）不能是这类没有量度的东西，这样说来，如果存在有量度，那么它就应该是可分的，可是芝诺认为存在不可分，那等同在说"存在是不存在"。所以亚里士多德犀利地指出"不可分物这样的存在就在否定他的理论"❷。

其次，为了证明存在不动，否认运动的真实性，芝诺提出了四个悖论。前两个悖论"二分法"与"阿基里斯永远追不上乌龟"是一致的。亚里士多德指出在有限时间内不能经过空间中无限多个点。❸ 然而，问题的关键并不在于有限时间与无限空间的矛盾，而在于芝诺认为无限分割的结果是"0"，那么对直线而言，无限分割的结果就是无限个"点"，所以才造成"无限"空间。第三个悖论是"飞矢不动"，这一悖论正如亚里士多德所指出的，"它所根据的假定是时间由霎间组成。如果不承认这个假定，就不会

---

❶ ［古希腊］亚里士多德：《形而上学》，吴寿彭译，商务印书馆1959年版，第53页。
❷ ［古希腊］亚里士多德：《形而上学》，吴寿彭译，商务印书馆1959年版，第53页。
❸ 参见［古希腊］亚里士多德：《物理学》，张竹明译，商务印书馆1982年版，第184~187页。

得出这个结论"❶。因此，芝诺认为箭飞行的时间是由无数个不可分的此刻组成的，这与前两个悖论一样，其症结都在于无限分割的结果，或者可以说，芝诺否认了时空的"连续性"。第四个悖论"运动场"较为复杂，许多现代研究者都认为亚里士多德的解释过于简单，但一般认为还是应该"从'多元'与'一元'的对立以及连续性与非连续性的对立等方面作一贯的考虑"，因而"第四个悖论和第三个悖论一样，即把空间、时间分成微粒的点和瞬间，则运动就会出现矛盾，因而不能成立"。❷

由此可见，芝诺对"分割"问题作了进一步的逻辑推理和论证，关注到关于分割的重要问题——"部分"，同时还对诸多相关的运动问题作出了论证。对此，黑格尔认为：

> 在表象里假定空间中的点，或假定在连续性的时间中的时点……并没有什么矛盾；但它的概念是自相矛盾的。自身同一性、连续性是绝对的联系，消除了一切的区别，一切的否定，一切的自为性。反之，点乃是纯粹的自为之有、绝对的自身区别，并与他物没有任何相同性和联系。不过这两方面在空间和时间里被假定为一了；因此空间和时间就有了矛盾……运动正是时间和空间的本质和实在性；并且由于时空的实在性表现出来了，被建立了，则同样那表现的矛盾也被建立了。而芝诺促使人注意的就是这种矛盾。❸

实际上，芝诺本人没有时空连续的观念，他也并未意识到其论证中所揭示的时空连续性与间断性的矛盾，但正如黑格尔所言，他使人注意到了这对矛盾，注意到作为时空本质与实在性的运动本身的矛盾。当然，芝诺

❶ 北京大学哲学系外国哲学史教研室编译：《西方哲学原著选读（上卷）》，商务印书馆1981年版，第35页。

❷ 叶秀山：《前苏格拉底哲学研究》，生活·读书·新知三联书店1982年版，第175、176页。

❸ ［德］黑格尔：《哲学史讲演录（第一卷）》，贺麟、王太庆译，商务印书馆1983年版，第283页。

的局限性也是显而易见的，他还没有认识到“无穷大”与“无穷小”这两个概念，因而无限分割的结果只能为“0”，但阿那克萨哥拉却把“连续性”与分割问题继续向前推进了一步。

阿那克萨哥拉进一步发展了伊奥尼亚学派的“ἄπειρον”概念，“只有到这个时候，我们才能从真正的意义上把‘ἄπειρον’如实地理解为哲学上的‘无限’”[1]，此时的“无限”已不同于伊奥尼亚学派用以描述生化万物的“始基”的“无定形”特性，并且涉及无限大和无限小，以及无限分割的问题。阿那克萨哥拉指出：“没有最小的小东西，而总是有更小的（因为存在物不是不存在）——而大东西也总有更大的东西。（大东西）和小东西的数量是相等的，每个东西本身是既大又小。”[2] 也就是说，没有最小（大）的东西，只有无限小（大）的东西，无限分割的最终结果不再是爱利亚学派所谓的不可分的、大小不变的“存在”，因为阿那克萨哥拉认为“存在物不是不存在”，因而他实际上与亚里士多德一样，从根本上否定爱利亚学派“存在为一”这一学说。

与此同时，物质的无限可分性在阿那克萨哥拉这里还有更重要的意义。自从爱利亚学派把“真理”与“意见”或者说“存在”与“现象”对立起来，造成两个相互隔绝与对立的领域以来，恩培多克勒、阿那克萨哥拉、原子论者等都在试图沟通这两个领域。由于爱利亚学派所讲的“存在”是不可分且不动、不变的，那么“存在”何以能生化万物这一问题就得不到解答，所以他们只能把现象界看作虚幻的。但阿那克萨哥拉并不轻视现象界，并且试图沟通这两个领域。若是如此，首先就要否认爱利亚学派不可分的“存在”，因而他提出了“种子”。“种子”不是“一”，而是“多”，它是无限的，其本身即蕴含了万物，是万物分化前的状态。如其所言：“结合物中包含着很多各式各样的东西，即万物的种子，带有各种形状、颜色

---

[1] 叶秀山：《前苏格拉底哲学研究》，生活·读书·新知三联书店1982年版，第234页。

[2] H. Diels, *Die Fragmente der Vorsokratiker*, vol. Ⅰ, vol. Ⅱ, 1954, p. 59, B. 3. 转引自叶秀山：《前苏格拉底哲学研究》，生活·读书·新知三联书店1982年版，第235页。

和气味。人就是由这些种子组合而成的,其他具有灵魂的生物也是这样。"❶ 正是因为种子本身蕴含了万物,所以才蕴藏着分化为万物的"能力",这也正是"种子"一词所暗含的意义。

在阿那克萨哥拉的思想体系中,"无限的种子"是万物的始基,那么在这个意义上讲,他延续了伊奥尼亚学派寻找宇宙"物因"的理路,因而物质世界不再像爱利亚学派所讲的是虚幻的,而是真实的。与此同时,阿那克萨哥拉认为"心灵"是万物生化的"动因",这又是对伊奥尼亚学派的超越。因此,一般认为,在阿那克萨哥拉这里,精神与物质正式形成对立,因而"连续性"与分割问题开始更加明确地对应于物质实体,而不是爱利亚学派所讲的半物质性、半精神性的存在。

此后,到了原子论者,主要是留基伯(Leukippos)与德谟克利特这里,"连续性"与分割问题所涉及的"原子"(άτομο)则是纯粹物质性的,有大小和形状,不再是半物质性、半精神性的存在。"άτομο"一词由动词"τέμνω"(切割)转变成名词"τομή",然后加否定前缀形成,因而"原子"的本义就是"不可分割"。他们认为原子是充实的,由于没有空隙,因而不可分割,并且单个原子是永恒、不动的。❷ 爱利亚学派也强调"存在"是永恒、不动、不可分割的,他们使本质与现象形成对立,未能解答"存在"何以能生化万物这一问题,并使现象界成为虚幻的,但原子论者不同,他们认为尽管单个的原子是永恒不动的,但原子的数量是无限的,多个原子的聚散、分合使万物得以形成,因而现象界并不是虚幻的,与此同时他们还延续了伊奥尼亚学派的一元论,去除了本质与现象的对立。

原子聚散而生成万物的关键就在于"虚空"的存在,"虚空"是物质得以分割的条件,并且原子论者把原子与虚空共同作为万物的始基。单个

---

❶ 北京大学哲学系外国哲学史教研室编译:《西方哲学原著选读(上卷)》,商务印书馆 1981 年版,第 38 页。

❷ 参见北京大学哲学系外国哲学史教研室编译:《西方哲学原著选读(上卷)》,商务印书馆 1981 年版,第 47~48 页。

原子之所以不可分割，是因为原子本身是充实的、没有部分。我们知道芝诺在分割问题中也提到了"部分"，然而何谓"部分"？对"部分"这一概念的理解不同，分割的条件也就不同。在芝诺那里，有"部分"意味着有体积和大小，而原子论者认为有"部分"就意味着存在虚空，所谓"虚空"，也就是"空隙"。实际上，不可分割的"原子"在芝诺那里，仍是可以分割的。然而，尽管单个原子不可分割，但由于多个原子之间存在虚空，或者说原子聚合物有"部分"，所以是可分的。我们在上文曾指出，阿那克萨哥拉提出了无穷大和无穷小，以及无限分割的概念，但原子论者不同，他们关于分割问题的底层逻辑与爱利亚学派一致，即认为无限分割的结果为"0"，而不是无穷小，所以原子论者使分割止于原子。

尽管物质的无限分割会止于原子，但在亚里士多德看来，这并不妨碍由原子聚合而成的事物的"连续性"。亚里士多德指出："他们说，无限的事物是靠接触而得以具有连续性的。"❶ 当然，接触的介质仍是虚空，虚空在这里作为万物的始基，仍是物质性的、实体性的，所以亚里士多德使用了"接触"一词，这与亚里士多德本身重实体的思想体系也是一致的。

第四节　亚里士多德的三种实体连续论

在古希腊早期的自然哲学家之后，更全面、明晰地探究"连续性"与"分割"问题的是亚里士多德，也正是到了亚氏这里，"连续性"的含义才真正得以明确。我们在前文提到，中世纪哲学家阿维琴纳曾总结过亚里士多德的"连续性"理论，他指出亚里士多德对"连续性"至少有三种定义：

---

❶ ［古希腊］亚里士多德：《物理学》，张竹明译，商务印书馆 1982 年版，第 76 页。

第一种，如果 AB 能被分成总是可以进一步分割的东西，那么 AB 是连续的（《亚里士多德》1.1）；第二种，如果 A 和 B 有同一个外限（extremities），那么 A 和 B 是连续的（《物理学》6.1）；第三种，如果 A 和 B 在一个共同的边界（common boundary）上连接在一起，那么 A 和 B 是连续的（《范畴篇》6）。❶

这三种定义分别涉及运动的"连续性"与无限可分问题、相连续的事物所具有的空间整体性问题、数量的"连续性"与边界区分问题，接下来笔者将具体论述。

一、运动的"连续性"与"无限"可分

亚里士多德在《物理学》中一开始论述运动学说时，就提出"运动被认为是一种连续性的东西。而首先出现在连续性中的概念是'无限'。（这就是为什么'无限'这个术语常常出现在连续性的事物的定义中的缘故，例如说：'可以无限分割的就是连续性'）"❷。关于无限，我们在上文提到阿那克萨哥拉真正在哲学意义上提出了"无限"这一概念。但亚里士多德更进一步，他认为"柏拉图和毕达哥拉斯派抽象地谈论无限。自然学派的无限有具体的事物"，在他看来，阿那克萨哥拉"所谓的'无限'是指这些基本粒子在互相接触时形成的无限的集合体"。❸ 因而，"无限"在阿那克萨哥拉那里仍然涉及物质性的基本粒子，还未达到完全抽象的程度。

毋庸置疑，"无限"这一概念在哲学发展进程中是不可小觑的。叶秀山就指出："从哲学思维的历史发展来看，只有在真正的意义上出现了

---

❶ Jon McGinnis, Ibn Sina's Natural Philosophy, *Stanford Encyclopedia of Philosophy*, First published Wed Jul 27, 2005; substantive revision Fri Sep 6, 2013, https://plato. stanford. edu/entries/ibn – sina – natural/.

❷ ［古希腊］亚里士多德：《物理学》，张竹明译，商务印书馆 1982 年版，第 68 页。

❸ ［古希腊］亚里士多德：《物理学》，张竹明译，商务印书馆 1982 年版，第 76 页。

'无限'这个范畴，理性的问题才能真正超出感觉对象的范围在思想上正式提了出来。本来，感觉与感觉对象是不容易分开的，主观与客观常常处于混沌地结合在一起的状态，当'无限'的问题认真地提出来后，主观与客观的分化，才进一步明朗化起来。"❶ 因此，"无限"概念的提出意味着人类理性的发展，以及由此而催生的主体与客体的进一步分离。也即，在人与自然逐渐分离的过程中，理性在其中扮演了重要角色。

亚里士多德用无限来界定"连续性"，他认为"连续事物可以被无限地分割"❷，但事物的存在包括两种：潜能的存在与现实的存在，量在现实上不是无限的，但分割后是无限的，因而只有潜能上的无限。亚里士多德进一步强调，不应把这里的"潜能的"与塑像是"潜能的"同样看待，因为后者意味着将有一个现实的塑像，但不可能有现实的无限。❸ 因此，连续体是无限可分的，意味着它具有被无限分割的潜能，而这种无限分割却不可能在现实中实现。并且亚里士多德还指出，只有分起来无限，没有加起来无限，也就是说只有无限小而没有无限大。毕达哥拉斯学派、阿那克萨哥拉，以至柏拉图的观点都和他不同，他们都认为有两个方向上的无限。

那么哪些事物具有"连续性"呢？亚里士多德认为任何量都是无限可分的，因而任何量都是连续的。"因为量是连续的，所以运动也是连续的；而时间是通过运动体现的：运动完成了多少总是被认为也说明时间已过去了多少。"❹ 因而时间也是连续的，除了时间，运动也是空间的本质，因而空间同样是连续的。但是阿维琴纳认为用无限可分来定义"连续性"是有问题的，因为离散的物体在运动中也可以形成一个连续的整体。例如，在一个移动的火车头上，所有连在一起的车厢都是相分离的事物，但它们却

---

❶ 叶秀山：《前苏格拉底哲学研究》，生活·读书·新知三联书店 1982 年版，第 243 页。
❷ ［古希腊］亚里士多德：《物理学》，张竹明译，商务印书馆 1982 年版，第 19 页。
❸ ［古希腊］亚里士多德：《物理学》，张竹明译，商务印书馆 1982 年版，第 85 页。
❹ ［古希腊］亚里士多德：《物理学》，张竹明译，商务印书馆 1982 年版，第 114 页。

作为一个连续的整体在一起移动。❶ 单就这个例子而言,阿维琴纳对亚里士多德的反驳不但是无效的,还恰好证明了亚里士多德的理论。因为亚里士多德正是在讲运动本身的"连续性",而非运动着的事物的"连续性",正如时间因"现在"而得以连续,运动也因位移的事物而得以连续。

虽然阿维琴纳所列举的这个例子作为对亚里士多德的反驳是无效的,但他的质疑还是有一定道理的。亚里士多德本人也注意到了连续事物中整体与部分的复杂关系问题。他指出:"这里有一个关于连续事物的部分和整体的疑难问题……即,部分和整体是一呢还是多,并且怎能是一或是多的;如果是多的话,又是何种意义上的多。"❷ 尤其是对于运动的"连续性",亚里士多德也指出,运动"是一个连续体倒不是因为它本身是一个连续体(因为也可能有停顿),而是因为根据定义看来是一个连续体"❸。所以阿维琴纳质疑其对"连续性"的第一个定义还是有迹可循的。

二、"连续性"与空间整体性

亚里士多德在《物理学》中还以"接触""顺联"和"顺接"为参照系,给出了"连续"的第二个定义,即上述阿维琴纳总结的第二个定义。亚里士多德指出,如果事物是"接触"的,那么它们的外限在一起;如果"一个事物'顺联'着别的事物,一定要它依照或由位置或由形式或由别的什么所确定的次序处于起点之后,并且要没有任何同类的事物夹在它和它所顺联的事物之间"❹;如果一个事物"顺接"别的事物,那么它既顺联又接触那个事物。而"连续"正是顺接的一种:

---

❶ See Jon McGinnis, Ibn Sina's Natural Philosophy, *Stanford Encyclopedia of Philosophy*. First published Wed Jul 27, 2005; substantive revision Fri Sep 6, 2013. https://plato.stanford.edu/entries/ibn-sina-natural/.

❷ [古希腊]亚里士多德:《物理学》,张竹明译,商务印书馆1982年版,第19页。

❸ [古希腊]亚里士多德:《物理学》,张竹明译,商务印书馆1982年版,第127页。

❹ [古希腊]亚里士多德:《物理学》,张竹明译,商务印书馆1982年版,第148页。

当事物赖以相互接触的外限变为同一个，或者说（正如这个词本身所表明的）互相包容在一起时，我就说这些事物是连续的；如果外限是两个，连续是不可能存在的……连续的事物是一些靠了相互接触而自然地形成一体的事物。并且总是：互相包容者以什么方法变为一体，其总体也以这同一方法变为一体。这种方法如铆合、胶合、接触或有机统一。❶

据此，如果事物是连续的，那么事物之间首先必须是接触的，进而必须有同一个外限，并由此而变为一体。并且，根据亚里士多德的论述，在事物的空间关系层面，呈现如下的秩序：分离—在一起—接触（顺接）—连续，因而，"连续"与"分离"至少隔了两层。

由此可见，亚里士多德对"连续"的这一定义尤为强调连续事物在空间上的整体性。并且，"连续"与"分离"的对立在空间关系层面还不仅仅是简单的非此即彼的对立，而是隔了两层。值得一提的是，亚里士多德还提到了"有机统一"，也就是说变为一体的有机统一体也是连续的。

然而，阿维琴纳对这一定义也作了反驳。他举例讲道："任何大于或小于180°的∠ABC，直线 AB 和直线 BC 有同一个外限，即点 B，然而二者只是被连结起来的相分离的事物。"❷ 因此，阿维琴纳认为亚里士多德对连续性的这一定义过于模糊。但尽管如此，阿维琴纳并不否认连续事物的整体性，他强调："一个连续的感性物体（或任何量）最终必须没有任何部分，而必须完全被视为一个统一的整体。诚然，人们可以在这个统一的整体中设定部分，如左边的部分和右边的部分，但这种偶然的部分完全是人为设定的结果，会随着设定的停止而消失。"❸

---

❶ ［古希腊］亚里士多德：《物理学》，张竹明译，商务印书馆 1982 年版，第 148 页。

❷ Jon McGinnis, Ibn Sina's Natural Philosophy, *Stanford Encyclopedia of Philosophy*. First published Wed Jul 27, 2005; substantive revision Fri Sep 6, 2013. https：//plato. stanford. edu/entries/ibn – sina – natural/.

❸ Jon McGinnis, Ibn Sina's Natural Philosophy, *Stanford Encyclopedia of Philosophy*. First published Wed Jul 27, 2005; substantive revision Fri Sep 6, 2013. https：//plato. stanford. edu/entries/ibn – sina – natural/.

三、数量的"连续性"与边界"区分"

亚里士多德在他的《范畴篇》中给出了"连续性"的第三个定义。他认为时间、空间、线、面、立体是连续的，数目和语言是分离的。而判断连续与分离的标准在于部分之间是否有共同的边界。"在线方面，这种共同边界是点；在面方面，这种共同边界是线：因为面的部分与部分之间也有一个共同的边界。同样地，在一个立体那里，你也能找到部分与部分之间的共同边界，这边界或者是一条线，或者是一个面。""在时间方面，过去、现在和未来形成了一个连续的整体。"而就空间而言，亚里士多德通过立体的"连续性"论证道："因为一个立体的各部分占有某一个空间，而这些部分彼此之间有共同的边界；因此，那被立体的这些部分占据的空间的各部分，也有立体各部分之间所有的同样的共同边界。"相反，就数目和语言而言，数目的部分与部分之间，以及语言（有声语言）的音节与音节之间是没有共同边界的，因而它们是分离的。❶

对此，阿维琴纳认为只有这个定义指出了"连续性"的真正本质。他认为，事物是连续的当且仅当它们在共同的边界上联结在一起。

这一定义与第二个定义颇为相似，前者强调连续的事物之间有共同的边界，后者强调连续的事物之间有共同的外限。但"外限"可处于事物内部也可处于事物外部，而"边界"只处于事物内部，从这一角度来看，这一定义较之第二个定义，强调了事物之间更为密切的"连续性"。但无论是"边界"还是"外限"，都是用来区分事物的，是一事物区别于其他事物的界限，只要有"界限"存在，连续的事物就还未真正地浑融为一体。

我们可以发现，与亚里士多德整体的思想体系一样，"连续性"的定义本身也呈现出其强大的形式逻辑、其对事物之间的区分和明晰性的追求，

---

❶ ［古希腊］亚里士多德：《范畴篇 解释篇》，方书春译，商务印书馆1959年版，第19～21页。

以及其实体性思维。

从原初的关系"连续性",到前苏格拉底时期的实体"连续性",再到亚里士多德较为成熟的实体连续论,我们可以观察到最初的思维走向如何为此后长达两千多年的思维方式埋下伏笔。"连续性"思想强调事物之间的联系,我们在原初的关系"连续性"中欣喜地看到了这一点。但在实体"连续性"思想中,物质相联系的表象之下,是更根本的区分和隔膜,物质间的连续是"存在"或"有"的连续,这由西方的实体性思维所决定。

这种实体性思维方式认为物体由实体构成,"实"重于"虚","虚"只是物体在其中活动并与之相区分的空间,是已知世界之外的虚无;同时这种思维方式还要探究事物背后的本质。❶ 在古希腊时期,除了毕达哥拉斯学派与原子论者,其余哲学家大多不承认"虚空"的存在,"存在"只能是"有",而不能是"无"。即便原子论者如此看重"虚空",并认为其是事物相连续的条件,但"虚空"实际上更接近"空隙",是原子与原子之间的空间。古罗马的卢克莱修,也将虚空看作"一种其中无物而且不可触的空间"❷。因而,"虚空"实际上成了另一种形式的"存在"和"有"。如张法所言,being 和 substance 决定了西方文化的行进方向,在物质方面,其表现为原子、微粒、单子等,在精神方面,其表现为理式、上帝、意志等,"西方人在追求宇宙本体的时候,看重的是有(being)而不是无,是实体(substance)而不是虚空"。❸

---

❶ 参见张法:《中国美学史》,四川人民出版社 2020 年版,第 2~3 页。

❷ 北京大学哲学系外国哲学史教研室编译:《古希腊罗马哲学》,生活·读书·新知三联书店 1957 年版,第 338 页。

❸ 张法:《中西美学与文化精神》,中国人民大学出版社 2020 年版,第 12 页。

第二章

"连续性"思想发展的
两重典型形态及其转向

古希腊之后，诸多理论家研究过"连续性"问题或者以"连续性"的思维方式构建其各自的理论。如伯林特所言，就人与自然的"连续性"而言，"道家、禅宗和自然神学都将人与自然联结在一起。前苏格拉底学派、斯宾诺莎（Spinoza）、谢林（Schelling）、爱默生（Emerson）、梭罗（Thoreau）和杜威是将这一联结视为基础的哲学思想家。在 19 世纪后期以及整个 20 世纪，诸如实证主义、进化论、自然主义和实用主义等哲学运动都试图表达类似的见解。重新整合人与自然的努力产生了越来越大的影响"❶。其中，莱布尼茨和杜威的"连续性"思想可谓典型。

莱布尼茨是近代哲学理性主义的代表，他在本体论层面使"连续性"原则与"单子论"及"前定和谐说"共同构成其形而上学的基础，因而"连续性"最根本的层面关乎整个世界的构成和结构。而杜威的实用主义则恰好是近代哲学向现代哲学转型的范例，他首先要打破的便是包括人与环境、主体与客体、日常经验与审美经验等在内的一系列二元对立，把人与环境相连续的整体看作实在，不再像莱布尼茨一样追寻那个不变的大写的实在，因而"连续性"成为其经验本体论不可缺少的基本原则。我们可以看到，随着哲学史的演进，"连续性"思想也发生了转向：它在莱布尼茨那里指向作为单纯的精神实体的"单子"之间的关系，可以说，其内核与古希腊的"连续性"思想一脉相承，而"连续性"到了杜威这里则指向人的生命活动本身，并不可避免地涉及人与环境的关系。只有理解了杜威的"连续性"思想及其与以往相比的转变，我们才能真正理解当代西方环境美学中的"连续性"思想。

---

❶ Arnold Berleant, *Living in the Landscape：Toward an Aesthetics of Environment*, Lawrence：University Press of Kansas，1997，p. 118.

第一节　莱布尼茨"单子论"中的"连续性"思想

在莱布尼茨的理论体系中，"连续性"成为世界运行的基本原则，"连续性"与其关于世界构成的学说"单子论"一道，奠定了其整个理论体系的形而上学基础。莱布尼茨的单子论认为："一切事物都是由一种具有'知觉'和'欲望'这种内在能力的精神性的单纯实体——'单子'构成的。"[1] 段德智指出，"单纯"意在表明它没有部分，是不可分的点。它既不同于数学上的点，也不同于物理上的点。前者虽然不可分，但只是广延性的极限，因而不能独立存在；后者即原子，虽然存在但并非不可分。单子既是单纯不可分的，又是真正存在的。它的存在是在事物"质"的层面的存在，而撇开了量的规定性。[2] 如黑格尔所说："这些单子并不是一种抽象的单纯物本身——即伊壁鸠鲁的空洞的原子；那种原子是本身无规定的东西，在伊壁鸠鲁那里，一切规定都来自原子的积聚。相反地，单子是一些实体性的形式——这是从经院哲学家们那里借来的一个恰当名词——也就是亚历山大里亚派的形而上学的点。"[3] 因而莱布尼茨有时也称单子为"形而上学的点"。那么既然单子是不可分的，它就不是连续的，如前文所述，连续的事物必定是无限可分的。

"连续性"与"不可分的点"的矛盾不仅是莱布尼茨一个人要面对的问题，他认为当时的机械论自然观首先就陷入了这一矛盾：

> 在当时的哲学家和科学家中，如伽桑狄等原子论者和另一些科学

---

[1] 段德智：《莱布尼茨哲学研究》，人民出版社 2011 年版，第 156 页。
[2] 参见段德智：《莱布尼茨哲学研究》，人民出版社 2011 年版，第 145~146 页。
[3] ［德］黑格尔：《哲学史讲演录（第四卷）》，贺麟、王太庆译，商务印书馆 1978 年版，第 169~170 页。

家,肯定万物是由不可再分的原子或微粒构成,就是只肯定了万物都是一些"不可分的点"的堆集,而否定了真正的"连续性";反之如笛卡尔及其学派乃至斯宾诺莎,则只是肯定了"连续性"而否定了"不可分的点",因为如笛卡尔既肯定物质的唯一本质属性就是广延,有广延就有物质,从而否定了"虚空",也否定了为"虚空"所隔开的"原子"即"不可分的点"。❶

无论是原子论者还是笛卡儿等,都使"连续性"和"不可分的点"产生了无法调和的矛盾。所以莱布尼茨在《神正论》序言中提出了理性的"两个迷宫",其中一个迷宫即"连续性和看来是其要素的不可分的点的争论,这个问题牵涉到对于无限性的思考"❷。这一"迷宫"正是莱布尼茨要奋力走出的。

那么,莱布尼茨是如何解决这个看似不可调和的矛盾的?这就不得不讲到"知觉"。"由于单纯的缘故,单子是不被另一个单子改变其内在本质的……每一个单子都是自为的,所以它的一切规定和变相都完全是仅仅在它以内进行的,并没有任何外来的规定。"❸ 那么单子本身一定有某种"内在的、自在地存在着的原则",使得单子与单子各不相同,因而世间万物才能千差万别。莱布尼茨认为这种"保持和发生于本质自身中的规定性和变化,就是一种知觉",或者可以称之为"表象"。❹ 这也和单子的精神实体的性质是一致的。在"知觉"的基础之上,莱布尼茨阐述了两种解决单子与"连续性"矛盾的方式。❺

❶ 陈修斋:"莱布尼茨及其哲学简介",见〔德〕莱布尼茨:《人类理智新论(上册)》,陈修斋译,商务印书馆 2011 年版,"译者序言",第 20 页。

❷ 〔德〕莱布尼茨:《神正论》,段德智译,商务印书馆 2016 年版,第 61 页。

❸ 〔德〕黑格尔:《哲学史讲演录(第四卷)》,贺麟、王太庆译,商务印书馆 1978 年版,第 170 页。

❹ 〔德〕黑格尔:《哲学史讲演录(第四卷)》,贺麟、王太庆译,商务印书馆 1978 年版,第 171~172 页。

❺ 参见段德智:《莱布尼茨哲学研究》,人民出版社 2011 年版,第 154~157 页。

第一，莱布尼茨认为单子凭知觉可以"反映"整个宇宙，那么整个宇宙也就在每一个单子之中，即"一即一切，一切即一"。"每一单子和整个宇宙或部分与全体是互相联系着的，只是这种联系不是'实在'的联系而是'理想'的联系。"❶ 虽然单子与整个世界的普遍联系确实是存在的，但这种联系是在单子内在的知觉或表象原则的意义上的联系，即如黑格尔所说："每一个单子全都本身就是一个总体，本身就是一个完整的世界。不过这种表象还不是一个意识到的表象；那些赤裸裸的单子本身也同样是宇宙，区别就在于这个宇宙或总体在单子内部发展。"❷ 因此，这个意义上的普遍联系只是单子自身的、在其内部发展的对整个世界的知觉。若从"连续性"的基本定义来看，它在根本上是指不同事物或同一事物的不同部分之间的相互影响、相互依存或相互作用这种双向的关系，而不是单向的"反映"关系。那么，这一解决单子与"连续性"矛盾的方式，就有待商榷与推敲。

第二，莱布尼茨认为单子的"知觉"有清晰程度之分。首先，从宏观层面看，人以及更高级的单子才有"统觉"；动物才有有意识的知觉；而类似于石头这种无机物的知觉是最不清楚的，莱布尼茨称为"微知觉"。因此，由于知觉的清晰程度不同，万物形成不同的等级序列。其次，由于每个单子都是不同的，即便处于同一等级的单子，在知觉的清晰程度上也有差别。那么，根据知觉程度的不同，不仅两个不同等级的单子之间有无数的单子，而且两个看似相邻的单子之间也存在无数知觉程度不同的单子，因而两个单子间一方面彼此差别，而另一方面又可以循着这个序列无限趋近。因此，整个系列就构成一个连续的整体。❸ 也正因如此，莱布尼茨才说"自然无飞跃"（nature makes no jump），他在《人类理智新论》中指出：

---

❶ 参见段德智：《莱布尼茨哲学研究》，人民出版社 2011 年版，第 155 页。

❷ ［德］黑格尔：《哲学史讲演录（第四卷）》，贺麟、王太庆译，商务印书馆 1978 年版，第 181 页。

❸ 参见段德智：《莱布尼茨哲学研究》，人民出版社 2011 年版，第 157 页。

任何事物都不是一下完成的，这是我的一条大的准则，而且是一条最最得到证实了的准则，自然绝不作飞跃。我最初是在《文坛新闻》上提到这条规律，称之为连续律……我们永远要经过程度上以及部分上的中间阶段，才能从小到大或者从大到小；并且从来没有一种运动是从静止中直接产生的，也不会从一种运动直接就回到静止，而只有经过一种较小的运动才能达到，正如我们绝不能通过一条线或一个长度而不先通过一条较短的线一样，虽然到现在为止那些提出运动规律的人都没有注意到这条规律，而认为一个物体能一下就接受一种与前此相反的运动。❶

因而，虽然单子本身是独立自存的精神实体，但是单子的知觉程度是连续的，并且单子的运动同样是连续的。

由此可见，在莱布尼茨那里，单子的"连续性"显然不同于亚里士多德所论述的"连续性"。如果按照阿维琴纳对"连续性"定义的总结，即两个事物有共同的边界，且二者在边界处交融在一起，则这两个事物才是连续的，那么莱布尼茨所论述的单子的"连续性"就不是真正的"连续性"，因为单子是单纯的、自为的，它没有部分，也就没有边界。虽然莱布尼茨另辟蹊径，将其转化为知觉程度的"连续性"，但是由于单子是单纯的，每一个单子与其他单子都是彼此孤立而互不影响、互不依赖的，那么单子自身内在的知觉程度也只能是孤立的，因而不同的知觉程度同样不存在有共同边界的可能。也正是在这个意义上，段德智指出，"他所说的这种'连续'，其实也还只能是一种虚假的连续。因为这种彼此孤立的单子，不管它们是怎么'无限'紧密地接近，也只是一种机械的并列或靠拢，而不是真正的连续或有机的结合"❷。

---

❶ ［德］莱布尼茨：《人类理智新论（上册）》，陈修斋译，商务印书馆 2011 年版，第 12~13 页。
❷ 段德智：《莱布尼茨哲学研究》，人民出版社 2011 年版，第 159 页。

当然，如果抛开亚里士多德的定义不谈，只在莱布尼茨的逻辑体系内看待"连续性"，我们将发现这一原则如何奠定其形而上学的基础。莱布尼茨认为整个宇宙是由处于连续序列的单子构成的，只有单子是真正存在的，事物和事物的不同就在于构成事物的单子序列的不同。高一级的单子包含着低一级的单子的性质，而低一级的单子也潜藏着高一级单子的性质，只是没有真正实现出来，我们可以说这是单子与单子在性质上的"连续性"。与此同时，每两个等级的单子之间都存在无数中间等级的单子把它们联结起来，比如人和动物联结、动物和植物联结、植物和"化石"类的东西联结、"化石"和无机物质联结，由此形成整个宇宙系列。❶

到此为止，莱布尼茨连续的单子序列不可避免地会带来一系列问题：这一序列有没有起点和终点？如果有，最低等级的单子与最高等级的单子分别是怎样的？莱布尼茨认为最高等级的单子是神或上帝，那么，按照连续性原则，上帝与人之间应该还有无数等级的单子存在。为解决这一问题，他提出了"精灵"的存在。如果说最高等级的单子经过莱布尼茨的设定能够比较清晰，那么最低等级的单子如何就不那么明朗了，按莱布尼茨的说法，最低等级的单子应该是只有"微知觉"的石头一类的无机物。那么，由于"微知觉"本身仅表示知觉的一种模糊的程度，在其下是否有知觉程度更低的一种单子的存在？如果存在，这样的单子又是怎样的？可见，当"连续性"和"无限"这样的概念结合起来，最终便不可诉诸实证而只能依靠逻辑推理。

另一个更隐蔽的问题是：单子之间的"连续性"是如何形成的，为何单子序列如此稳定？莱布尼茨认为单子不仅具有"知觉"，还具有"欲望"，其会在欲望的推动下不断变化发展。他本人也明确肯定没有绝对静止的事物，所谓的"静止"只是事物运动速度无穷小而不为人所察觉的状态。既然如此，这就意味着随着序列中某个单子的变化，其余单子也要随

---

❶ 参见段德智：《莱布尼茨哲学研究》，人民出版社 2011 年版，第 162 页。

之作出相应的变化，否则整个序列的稳定的"连续性"就会被打破。然而，独立自存的单子又如何能互相影响？这里存在的矛盾是显而易见的。对此，莱布尼茨回到上帝，提出了"前定和谐"。他认为："这种相应的变化并非由于某个单子的变化直接影响其他单子的结果，而是由于上帝在创造每个单子时，就已预见到一切单子的全部变化发展的情况，预先就安排好使每个单子都各自独立地变化发展，同时又自然地与其余一切单子的变化发展过程和谐一致，因此就仍然保持其为一个连续的整体。"❶

因而，"连续性"不仅是单子论的一条基本原则，而且它必然会导向"前定和谐"说，由此，单子论、连续律及前定和谐说就共同奠定了莱布尼茨本体论思想的基础。可以说，如果没有"连续性"原则，那么其本体论思想也将倾塌。罗素认为"通常人们所讲的莱布尼茨的这套哲学，都只是他用来'讨王公后妃们的嘉赏'以追求世俗的名利的东西，而他另有一套'好'的哲学……它之所以'好'，无非是在于它是从少数几条'前提'出发，经过相当严密的逻辑推理而构成的一个演绎系统"❷。"连续性"便是这"少数几条前提"之一，是这套演绎系统中至关重要的逻辑基础。当然，如前文所述，其推理过程存在逻辑漏洞，并且还有着唯心主义的立场，但其"连续性"思想依然值得我们深入研究。

第二节 杜威经验本体论中的"连续性"思想

"连续性"实际上是杜威的思想基础或思想起点，从人、动物、有机物与其环境的"连续性"开始，杜威建立了其"活的生物"的思想，而正

---

❶ 陈修斋："莱布尼茨及其哲学简介"，见［德］莱布尼茨：《人类理智新论（上册）》，陈修斋译，商务印书馆 2011 年版，"译者序言"，第 28～29 页。

❷ 陈修斋："莱布尼茨及其哲学简介"，见［德］莱布尼茨：《人类理智新论（上册）》，陈修斋译，商务印书馆 2011 年版，"译者序言"，第 31 页。

是在人与环境的相互作用中，“经验”产生了，由此形成其“经验”第一性的一元论哲学。这在整个哲学史上具有重要意义，如高建平所言：“哲学史经历了一个从本体论，到认识论，再到活动论的大过程。本体论探讨世界背后的本质，而认识论探讨知识的基础，而活动论将人与自然的关系，还原为一种活动及其环境的关系。”❶ 杜威正是在“连续性”思想的基础之上，从人类活动的经验出发，探究人与世界的关系。此外，杜威的“连续性”思想及其内在理路，对包括卡尔松与伯林特在内的许多西方环境美学家都产生了重大影响。

一、人与环境的“连续性”

要讲杜威的“连续性”思想，首先得从他的思想基础“活的生物”（live creature）开始。他从生物进化的角度认为：“人类从他们的动物祖先那里继承了呼吸、动作、视与听，以及他们用来协调感官与运动的大脑。这些他们用来维持自身存在的器官并非是由他们所独有，而是受惠于他们的远古动物祖先长期的努力与奋斗。”❷ 因此，从生命起源的角度来看，人与动物具有同样的基本的生命功能，都是“活的生物”。从较宽泛的意义而言，杜威正是从生物进化的角度道出了人与动物的“连续性”。而同动物一样，人与环境的“连续性”就在于，“生命是在一个环境中进行的；不仅仅是在其中，而且是由于它，并与它相互作用。生物的生命活动并不只是以它的皮肤为界；它皮下的器官是与处于它身体之外的东西联系的手段，并且，它为了生存，要通过调节、防卫以及征服来使自身适应这些外在的东西”❸。因此，人与环境的“连续性”在“活的生物”的意义上，意味着最基本的生命活动是在环境中实现的，人与环境在生命生存的层面相

---

❶ 高建平：“读杜威《艺术即经验》（一）”，载《外国美学》2014 年第 1 期，第 231 页。
❷ ［美］约翰·杜威：《艺术即经验》，高建平译，商务印书馆 2010 年版，第 14 页。
❸ ［美］约翰·杜威：《艺术即经验》，高建平译，商务印书馆 2010 年版，第 15 页。

互影响、相互作用。

其次，人与环境的"连续性"呈现为二者间的动态平衡的丧失与恢复的过程。杜威指出："在任何时刻，活的生物都面临来自于周围环境的危险，同时在任何时刻，它又必须从周围环境中吸取某物来满足自己的需要。一个生命体的经历与宿命就注定是要与其周围的环境，不是以外在的，而是以最为内在的方式作交换。"❶ 当活的生物的需要从环境中得到满足，那么二者便处于一种协调的、有序的平衡状态。而这种平衡经常会被二者的分裂与冲突打破，当这种暂时的冲突得到解决而向二者间进一步的平衡演进时，生命就会获得发展。除了"发展"阶段，杜威还指出了生命"维持"和"死亡"阶段。前者即生命本身在与环境进行交换的过程中没有得到加强，后者即"有机体与环境间的间隙过大"❷。具体而言，人与环境的"连续性"在生存层面呈现为生命的"维持""发展"和"死亡"三个阶段。

人与环境的"连续性"是杜威"经验"概念的基础。如陈亚军所言："生命体的基本事实是有机体为保全生命而与环境所进行的物质交换活动，这种交换活动也是经验概念的首要涵义。……人在世界之中，世界在人中，人与世界交织一起，构成了一个流动的整体，这个流动的整体就是所谓的前反思生活，或生命的基本存在方式。"❸ 因而，杜威在进化论的基础之上，从"活的生物"出发，把人与环境相连续的整体看作实在之所是，人在世界之中而世界也在人之中，二者正是在这种交互中展开自身。

二、经验的"连续性"

在人与环境相连续的基础上，即二者的相互作用中，经验产生了。如

---

❶ ［美］约翰·杜威：《艺术即经验》，高建平译，商务印书馆 2010 年版，第 15 页。
❷ 参见［美］约翰·杜威：《艺术即经验》，高建平译，商务印书馆 2010 年版，第 15 页。
❸ 陈亚军："杜威经验学说的背景与结构"，载《浙江学刊》2022 年第 1 期，第 165 页。

杜威所言:"由于活的生物与环境条件的相互作用与生命过程本身息息相关,经验就不停息地出现着。"❶ 这里的"经验"不同于英国经验主义者的"经验"。英国经验主义者从认识论的角度把"经验"看作知识的来源,这样的经验还只是"知"的事情,而杜威强调"经验变成首先是做(doing)的事情。有机体绝不徒然站着,一事不做……它按照自己的机体构造的繁简向着环境动作。结果,环境所产生的变化又反映到这个有机体和它的活动上去。这个生物经历和感受它自己的行动的结果。这个动作和感受(或经历)的密切关系就形成我们所谓经验"❷。经验"不仅仅是做(do)与受(undergo)的变换,而是将这种做与受组织成一种关系"❸。"做"即活的生物作用于环境,"受"即环境作用于活的生物。因而,经验产生于活的生物与环境的相互作用,并且这种相互作用是动态变化的,即可能"做"多于"受",抑或"受"多于"做"。正如同为实用主义美学家的理查德·舒斯特曼(Richard Shusterman)所言:"一面是做,一面是接受;一面是感受,一面是感受对象;存在着经验,也存在着经验到了什么,可能是艺术品,也可能是花或树,也存在着经验的方式,即感受。经验这个术语结合了客观的与主观的观点,结合了经验到了什么与怎样去经验的。"❹

进而,在人与环境的相互作用中产生的经验常常是初步的、零散的,杜威认为只有"我们在所经验到的物质走完其历程而达到完满时"❺,才拥有"一个经验"(an experience)。同样地,"一个经验"的共同模式就在于"每一个经验都是一个活的生物与他生活在其中的世界的某个方面的相互作用的结果"❻。在这样的经验中,"每个相继的部分都自由地流动到后续的部分,其间没有缝隙,没有未填的空白",并且"由于一部分导致另一

---

❶ [美]约翰·杜威:《艺术即经验》,高建平译,商务印书馆 2010 年版,第 41 页。
❷ [美]约翰·杜威:《哲学的改造》,许崇清译,商务印书馆 2009 年版,第 51~52 页。
❸ [美]约翰·杜威:《艺术即经验》,高建平译,商务印书馆 2010 年版,第 51 页。
❹ 高建平:"实用与桥梁——访理查德·舒斯特曼",载《哲学动态》2003 年第 9 期,第 19 页。
❺ [美]约翰·杜威:《艺术即经验》,高建平译,商务印书馆 2010 年版,第 41 页。
❻ [美]约翰·杜威:《艺术即经验》,高建平译,商务印书馆 2010 年版,第 51 页。

部分,也由于这一部分是跟在此前的一部分之后,每一部分都自身获得一种独特性"。❶ 因此,"一个经验"本身是连续的,在流动中获得最终的完满,从而形成一个整体。尽管"'一个经验'不一定就是'审美经验',但它的确是具有审美性质的经验,而'审美经验'只是'一个经验'的集中与强化而已"❷。因而,审美经验与日常生活经验的"连续性"也正在于此,审美经验在根本上是在日常生活经验获得完满而成的"一个经验"的基础上形成的。也正是在这个意义上,经验在杜威那里是第一性的。

三、艺术与生活的"连续性"

就艺术起源而言,杜威认为舞蹈与哑剧这些戏剧艺术最初是作为宗教仪式庆典的一部分而繁荣起来;绘画和雕塑与建筑统一起来,服务于一定的社会目的;器乐与歌唱同样是仪式庆典不可分割的组成部分,甚至到了雅典时期,这些艺术仍不能与人类活动与经验的背景分离。也正是在这种情形下,会出现艺术是再造或摹仿行动的思想,因为这一思想本身即以艺术与日常生活的普遍联系为依据,如果艺术与生活相距甚远,任何人都不会产生这种想法。❸ 因此,艺术产生的本源即是人类日常的生活与各种活动。尽管我们今天也讲"艺术来源于生活",但这是就艺术创作的源泉或材料而言,而杜威在这里意在强调艺术最初的形成与人类日常活动与经验的普遍的"连续性"。

就艺术创作而言,"聪明的技工投入到他的工作中,尽力将他的手工作品做好,并从中感到乐趣,对他的材料和工具具有真正的感情,这就是

---

❶ [美]约翰·杜威:《艺术即经验》,高建平译,商务印书馆2010年版,第42页。

❷ 高建平:"艺术即经验·译者前言",见[美]约翰·杜威:《艺术即经验》,高建平译,商务印书馆2010年版,第xiii页。

❸ 高建平:"艺术即经验·译者前言",见[美]约翰·杜威:《艺术即经验》,高建平译,商务印书馆2010年版,第xii~xiii页。

一种艺术的投入。"❶ 而日常生活中类似的,能引起人的兴趣,并激发人全身心地投入且向人们提供愉悦的事件与情景,就是艺术与审美的开始。❷这也正是艺术和审美与日常生活的"连续性"所在。进而,在艺术与生活相连续的基础之上,美的艺术与实用的或技术的艺术之间的"连续性",以及高雅艺术与通俗艺术之间的"连续性",就都顺理成章了。❸

关于艺术与日常生活的分离,杜威认为主要取决于以下这些外在条件。第一,资本主义的发展促使资本家发展博物馆或者收藏艺术品,从而建立起"优越"的文化地位,而博物馆就像一道屏障,将普通生活与文化等隔离在外。第二,世界市场的发展使得艺术品的地方特性及其与本土社会的联系断裂。第三,工业技术的发展打破了以往的艺术生产,使艺术家被边缘化,因而审美的"个人主义"作为艺术家的"反叛"而兴起,这加剧了艺术与日常生活的分离。第四,市场经济本身存在的生产者与消费者的隔阂,同样反映在艺术品市场,因而加剧了消费者的日常生活经验与艺术审美经验的分离。❹ 杜威批判道,艺术与日常生活的分离本是这些外在条件造成的,但由于"这些条件仿佛是嵌入到制度与生活的习惯之中,由于不被意识到而具有强烈的效果",因此,"理论家们假定这些条件嵌入到物体的本性之中",但实际上这些条件并非艺术自身的性质,艺术自产生起就内在地与日常生活相连续。由此,杜威呼吁:"从事写作艺术哲学的人,就被赋予了一个重要任务。这个任务是,恢复作为艺术品的经验的精致与强烈的形式,与普遍承认的构成经验的日常事件、活动,以及苦难之间的连续性。"❺

---

❶ [美] 约翰·杜威:《艺术即经验》,高建平译,商务印书馆 2010 年版,第 6 页。

❷ 参见 [美] 约翰·杜威:《艺术即经验》,高建平译,商务印书馆 2010 年版,第 5 页。

❸ 参见高建平:"艺术即经验·译者前言",见 [美] 约翰·杜威:《艺术即经验》,高建平译,商务印书馆 2010 年版,第 xii ~ xv 页。

❹ 参见 [美] 约翰·杜威:《艺术即经验》,高建平译,商务印书馆 2010 年版,第 9 ~ 11 页。

❺ [美] 约翰·杜威:《艺术即经验》,高建平译,商务印书馆 2010 年版,第 4 页。

第三章

"连续性"思想与西方
环境美学的致思方式

前文介绍了"连续性"思想在古希腊的发展源头及其后思想家以"连续性"原则建构其理论的范例。我们知道关于"连续性"的基本含义，亚里士多德对其有过三种论述，前两种主要涉及数学与物理学，或者涉及哲学探究世界的结构，当"连续性"思想扩展到西方环境美学时，其含义更多地偏向于第三种论述。因此，就西方环境美学而言，我们把"连续性"在一般意义上理解为两个事物或同一事物的不同方面在共同的边界上连接在一起。若进一步结合杜威的"连续性"思想，那么相连接的两者边界模糊且向彼此敞开，与此同时相互影响、相互交融，会形成一个连续的整体。

在西方环境美学中，相较伯林特，卡尔松的"连续性"思想是建立在主客二分的哲学立场之上的"弱版本"的"连续性"，但从另一个角度讲，这意味着即便不坚持一元论，要审美地欣赏环境依然离不开"连续性"思维。实际上，"连续性"的思维或多或少会呈现在环境欣赏的过程中，当"环境"成为审美对象时，这一点就已经由"环境"本身的特质内在规定了，只是我们并未明确意识到这一点，或者我们并未如此郑重其事地用"连续性"概念提出这一点。既然无论是认知阵营中的卡尔松，还是非认知阵营中的伯林特，其环境审美模式都呈现了"连续性"思想，那么深入分析"连续性"思想在诸多环境审美模式中的位置就显得尤为重要。

第一节 "连续性"与形而上学问题——"关系性"思维方式

一、"连续性"形而上学思想

我们知道西方环境美学可以大致分为"认知"阵营与"非认知"阵

营，前者以卡尔松为代表，主要强调科学知识等认知因素在环境审美中的重要作用；后者以伯林特为代表，主要强调感知、想象、情感等非认知因素对于环境审美的重要性。或者说，前者是科学主义一派，后者是人文主义一派。相应地，就卡尔松与伯林特而言，前者排斥形而上学，而后者有形而上学的思考。

伯林特在一般哲学的意义上指出："在其近 2500 年的大部分历史中，西方哲学都通过揭示世界的构成和结构而不是其联系（connections）和连续性（continuities）来把握世界。"❶ 但在康德那里，这种基本的路线开始出现裂隙，"实际上是康德而不是笛卡尔，通过认识到人类知性在组织并使世界成为一体的过程中所起的作用，建立了近代哲学。尽管康德保留了传统的心灵与经验的分离，但他仍努力在认知过程中将两者结合"❷。这种建立事物之间的根本联系的思路在其后得到了进一步的发展，"这种发展不是西方哲学主要线路的延伸，而是对人类世界完全不同的理解，更多地认识到联系而不是差别，连续而不是分离，以及人类作为认知者和行动者对自然世界的嵌入"❸。因此，根本的不同在于思维方式的转变，它是与传统哲学不同的思考路径，承认普遍的"连续性"的存在，更多地看到事物之间的联系或相似性而不是差别和个性，当然这并不意味着否认或不重视差别的存在。例如，伯林特在论述建筑与城市这个更大的建筑环境之间的"连续性"时指出：

> 建筑经验是城市经验的一个缩影，建筑的感知、动力学和功能都反映在我们称为城市的更大的建筑环境中。反过来，我们可以把城市

---

❶ Arnold Berleant, *Living in the Landscape*: *Toward an Aesthetics of Environment*, Lawrence: University Press of Kansas, 1997, p. 5.

❷ Arnold Berleant, *Living in the Landscape*: *Toward an Aesthetics of Environment*, Lawrence: University Press of Kansas, 1997, p. 6.

❸ Arnold Berleant, *Living in the Landscape*: *Toward an Aesthetics of Environment*, Lawrence: University Press of Kansas, 1997, p. 7.

体验为"放大了的"建筑。街道是城市的走廊,入口是大门,广场是用来社交的房间……实际上,随着建筑之间的联系越来越紧密、其结构越来越连续,城市与建筑物之间的界限将变得难以界定,最终可能消失。❶

在这里,建筑与城市环境之间的"连续性"表现为,尽管二者在物理意义上的体积、比例等方面差别很大,但二者之间具有非常相似的结构与功能,这在根本上使它们得以联结,因而二者间的界限趋于模糊或消失,以至不分彼此、相互影响、相互作用。

这样的"连续性"和一般联系的区别就在于,首先,前者是根本性的、内在的,而不是出于某种需要从外界强加的,随着城市的形成,其与建筑之间的"连续性"也在同步形成。其次,这是一种关系思维范式,是认识到事物之间的关联是普遍的、客观的,并且这一关系是过程性的,它持续地存在于事物发展的始终。

进而,"连续性并不限于环境,它是实现更一般的形而上理解(meta-physical understanding)的关键,就如同 19 世纪的进化论一样"❷。因此,伯林特在发展一种更具包容性的"参与美学"(aesthetics of engagement)时,将"连续性"与参与性并列为两大基本原理。"连续性不把艺术看作独立于人类其他追求之外的经验,而把它看作全部个人经验和文化经验的一部分,但仍不失其作为经验模式之一种的身份。"参与性"强调审美经验的主动性,强调审美经验的本质属性是参与。这样的介入发生在诸如感知活动、意识活动、身体活动和社会活动等等许多不同的活动过程中"❸。

---

❶ Arnold Berleant, *Living in the Landscape*: *Toward an Aesthetics of Environment*, Lawrence: University Press of Kansas, 1997, pp. 119~120.

❷ Arnold Berleant, *Living in the Landscape*: *Toward an Aesthetics of Environment*, Lawrence: University Press of Kansas, 1997, p. 7.

❸ [美] 阿诺德·柏林特:《美学再思考——激进的美学与艺术学论文》,肖双荣译、陈望衡校,武汉大学出版社 2010 年版,第 43~44 页。

这两大基本原理是相辅相成的,"连续性"奠定了关于艺术与环境的本体论理解的基础,参与性在此基础之上规定了审美的原则,二者共同建构了参与美学的基本架构。

可以说,伯林特的参与美学在更一般、更普遍的意义上规定了审美的基本方式,而环境美学是参与美学的具体实现,也是"连续性"形而上学的具体实现。伯林特讲道:"在过去的两个世纪里,连续性形而上学一直在通过各种不同的阶段向前发展,为或许能够接续古典传统的连续性观念做一个历史论证,或者详细阐述一种布克勒(Buchler)所提出的范畴的关系和普遍性的系统形而上学,都超出了环境美学的范围。然而,这能满足我的意图,从上至下地考虑连续性的概念。"[1] 由此,我们能清楚地看到伯林特将"连续性"形而上学运用于环境美学,并以后者作为前者的具体运用的尝试。由上至下地思考"连续性",由一般意义上的参与美学到环境美学,由先验到经验是伯林特思考的内在理路。邓军海进一步指出,与"连续性"形而上学相对的是分离的形而上学,即如伯林特所言,是通过揭露世界的构成和结构而不是其联系来认识世界的思维方式。分离的形而上学有实体论、还原论、二元论三种表现形式,其产物就是现代的机械论世界观。[2]

如果说分离的形而上学是现代式的,那么"连续性"形而上学则是后现代式的,与后现代思潮强调事物之间联系的倾向是一致的,或者说伯林特所强调的"连续性"形而上学本就是后现代思潮的一部分。而且,"连续性"形而上学思想同样关注现实中的生态与环境问题。如肖双荣所言:"伯林特的连续性形而上学思想同其他环境哲学批判一道,首先试图给当代环境危机找到作为人类世界观的哲学思想根源,他认为传统的世界观忽

---

[1] Arnold Berleant, *Living in the Landscape*: *Toward an Aesthetics of Environment*, Lawrence: University Press of Kansas, 1997, p. 7.

[2] 参见邓军海:"连续性形而上学与阿诺德·伯林特的环境美学思想",载《郑州大学学报(哲学社会科学版)》2008年第1期,第148页。

视了世界整体之内各部分乃至个体之间的相互联系。"❶ 然而,从概念上讲,"连续性"比诸如"联系""联结""关系"这类概念要更进一步。如果事物之间是连续的,那么它们必定有联系,但如果事物之间有联系,它们却不一定是连续的。虽然伯林特并未对"连续性"形而上学作详细规定,但有一点毋庸置疑:他的环境美学始终贯穿着"连续性"思想。

在环境美学中,伯林特在《生活在景观中——走向一种环境美学》的导言中指出:"这些章节会合在一起,都发展了连续性的主题,它已经越来越成为我思考的基础。事实上,这本书可以被称为'自然的连续性'(natural continuities),因为这个短语表明了把环境的各个方面联结起来的根本概念(underlying concept)。"❷ 因而,"连续性"是该书的线索或者说"骨架",它把环境的各个方面联结起来。值得一提的是,伯林特在这里用了"underlying"一词,即"很重要但并不总是容易被注意到或清晰地阐述"❸。由此,我们或可窥见"连续性"的重要性极易被忽视的状况。

我们可以从伯林特对"自然"的重新界定中窥见这种"连续性"思想,他强调存在一种"最大程度的统一",即"把一切都视作自然世界的合法部分",并且"不去区分是人类的还是自然的,而将万事万物视为一种单一的、连续的整体的一部分"❹。由此可见,存在一种最大的可称为"自然"❺的统一体,其内部的一切事物都是连续的,且这种"连续性"意味着不去区分人与自然,而是将它们看作这个整体中平等的、不分主客的要素。伯林特的"大环境观"(the largest idea of environment)与这种自然观也是一致的。

---

❶ 肖双荣:"主体美学如何走向环境",载《西北师大学报(社会科学版)》2012年第4期,第8页。

❷ Arnold Berleant, *Living in the Landscape*:*Toward an Aesthetics of Environment*, Lawrence:University Press of Kansas, 1997, p. 5.

❸ [英]霍恩比:《牛津高阶英汉双解词典》(第7版),王玉章等译,商务印书馆2010年版,第2194页。"underlying"一词的解释为"important in a situation but not always easily noticed or stated clearly"。

❹ Arnold Berleant, *The Aesthetics of Environment*, Philadelphia:Temple University Press, 1992, pp. 8~10.

❺ 伯林特将这一统一体称为"自然",与其强调"不区分人与自然"并不矛盾,前一个"自然"是一种泛称,后一个"自然"是我们生活经验中的、与人类世界相区别的自然。

当然，在环境美学之外，"连续性"更一般地存在于人与环境的关系中，这也是伯林特对杜威思想的继承。伯林特讲道："在从一个更窄的层面上继续探索环境的连续性之前，简单地承认这一可能性就足够了。环境的连续性使我们认识到，我们所处的每一种环境——即每一种人类环境——都是一种生活的景观（living landscape），或者用一个同源的新词来说，是一种人文景观（humanscape）。"❶ 因此，在审美之外，在一般意义上或者如伯林特所说的，在生活的意义上，人与环境已是连续的。伯林特在《艺术与介入》（*Art and Engagement*）中也讲到，在人们因特别的目的而采用特别的方式——如认知的、科学的、组织的、政治的，以及传统的审美的——之前，我们关于环境的基本经验即是参与性的。现在人们只是在重新发现环境经验的基本的参与特性。❷ 这表明人与环境存在基本的"连续性"，在此基础上，人们才形成参与式的环境经验。

二、环境美学中形而上学向度的理论缺位

关于环境美学中的形而上思考，很多环境美学家和环境伦理学家同伯林特一样，甚至比伯林特立场更鲜明，他们试图首先纠正我们的世界观，从哲学根源开始，寻找解决问题的路径。奥尔多·利奥波德（Aldo Leopold）就在《大地伦理学》中指出："环境问题在性质上最终是一个哲学问题，如果要想使保护环境有更多的希望，我们就需要提供某种哲学的方法。"❸ 虽然在这里，利奥波德主要指向现实的环境问题，并主要针对环境保护主义者，但正如环境美学更多地被视为应用美学一样，环境美学也是解决环境问题的一种尝试。仿佛绕了一个大圈，哲学最终不得不重新反

---

❶ Arnold Berleant, *Living in the Landscape: Toward an Aesthetics of Environment*, Lawrence: University Press of Kansas, 1997, p. 8.

❷ Arnold Berleant, *Art and Engagement*, Philadelphia: Temple University Press, 1991, p. 91.

❸ ［美］尤金·哈格洛夫:《环境伦理学基础》，杨通进、江娅、郭辉译，重庆出版社 2007 年版，第 19 页。

思出发时的原点，不得不开始正视环境。正如尤金·哈格洛夫（Eugene Hargrove）所说："事情的真相是，几乎从三千年前开始，当西方人第一次开始哲学思考时，哲学就要么与环境思考无关，要么与之相互冲突。"❶ 而如今，对环境进行更深入的哲学思考已势在必行。

尽管哲学思考开始重视环境，但就西方环境美学中普遍没有形而上学这一点而言，环境哲学在环境美学中的作用显然没有得到充分发挥。而伯林特的"连续性"形而上学实际上早已超越环境哲学，走向了普适的哲学。相较于对西方环境美学的研究，我国学者对环境美学的形而上思考却清晰得多，至少在环境美学需不需要形而上的思考基础这一问题上，他们的态度是很明朗的。例如，陈望衡指出：

> 环境美学则首先是一种哲学，或者说它是环境哲学的直接派生物，环境哲学有关环境的思考成为环境美学的基础，环境哲学思考的是人与自然、主体与客体、生态与文化的基本关系问题，并寻求这些对立因素的和谐。❷

在这里，陈望衡强调了环境哲学的基础性作用，指出其对人与自然、主体与客体、生态与文化等基本关系的思考是环境美学的基础。

然而，何以有些环境美学家如卡尔松并不关注形而上学问题？如胡友峰所述，这是一种从生态知识学而不是从哲学反思层面出发的建构方式。❸或许恰如程相占所言："像卡尔森（引者按：又译卡尔松）这样的环境美学家对于形而上学肯定有着一定的了解。他之所以在自己的环境美学理论

---

❶ ［美］尤金·哈格洛夫：《环境伦理学基础》，杨通进、江娅、郭辉译，重庆出版社 2007 年版，第 20 页。
❷ 陈望衡："环境美学的兴起"，载《郑州大学学报（哲学社会科学版）》2007 年第 3 期，第 81 页。
❸ 参见胡友峰："生态美学理论建构的若干基础问题"，载《南京社会科学》2019 年第 4 期，第 126 页。

建构中排斥形而上学，很可能是因为形而上学本身的问题。"❶ 并且，不只卡尔松，西方很多环境美学家都拒绝在其环境美学中引入形而上学。正如迪菲（T. J. Diffey）在其著名论文《没有形而上学的自然美》中所表明的："在研究自然美时，我们必须谨慎，不要一开始就涉及传统哲学美学的某些问题——例如，美是否具有实在性，或者美的判断是主观的还是客观的——因为除了提供一种不可低估的、无害的学术乐趣，很难看出这种形而上学的研究对当前的问题能有什么益处。"❷ 西方环境美学家虽不至于完全放弃形而上学，但没有放弃的也确实不多。那么，是否形而上学本身真的有问题？或者，是否我们对"形而上学"的理解和使用本身有问题？

当代西方环境美学不关注形而上学问题至少有两个原因。

其一是现实原因。环境美学兴起的一个重要现实背景是生态危机的加剧及环境保护运动的兴起，因而它有着强烈的现实指向和伦理关怀，试图提升人们的审美感知力与环保意识。基于这样的意图，与现实审美活动相距较远的形而上学问题便受到了冷落。例如，卡尔松关注的核心问题始终是欣赏什么与如何欣赏，这一问题与现实审美活动的开展密切相关。

其二是理论原因。环境美学兴起于 20 世纪 60 年代，此时传统的形而上学已然遭到批判，哲学的语言学转向使形而上学研究专注于语言内部的逻辑结构。美学领域同样不再关注传统的形而上学问题，诸如"美的本质是什么"这类问题已遭到分析美学的"清算"。在这样的理论背景下，环境美学自然不会过多关注形而上学问题。而且，环境美学是在自然长期被美学理论忽视的情况下兴起的，美学甚至被一些理论家直接定义为"艺术哲学"。随着赫伯恩《当代美学与自然美的忽视》的发表，自然美逐渐被重新发现，环境美学正是在此基础上进一步扩大了审美对象和范围。而"环境"作为环境美学的审美对象，不同于以往的艺术作品，它环绕着我们，

---

❶ 程相占：《生生美学论集——从文艺美学到生态美学》，人民出版社 2012 年版，第 169 页。

❷ T. J. Diffey, Natural beauty without metaphysics, in Salim Kemal & Ivan Gaskell, eds. *Landscape, Natural Beauty and the Arts*, Cambridge：Cambridge University Press, 1993, p. 43.

让我们无法远距离地静观。因此，环境审美反对传统的审美静观与审美无利害，它要求审美主体的积极参与，卡尔松正是在这个意义上反对使用"审美体验"（aesthetic experience），而提倡"审美欣赏"（aesthetic appreciation）。若更进一步讲，即环境美学在产生之初，内里即潜藏着对传统形而上学的反叛，它上升的方向是打破主客体与身心的二元对立，而这正是传统形而上学的结果。因而，环境美学发展的内在逻辑注定其与传统形而上学背道而驰。

不可否认，在当今时代，使用"形而上学"一词是有风险的，尤其需要慎重。它的含义有着复杂的演变历程，并且受文化因素的影响，中西方对其的理解也有差异，无论从历时还是从共时的角度，探讨形而上学都有一定的难度，但也不能因此就完全排斥它。首先，我们还是简要回顾一下西方传统的形而上学概念。"在汉语中，形而上学有两种含义，一是西方哲学的核心部门，一是与辩证法相对的形而上学思维方式。"而"在西方学术界一般情况下只是在第一种含义上使用形而上学这个概念"，我们也正是在这一意义上探讨形而上学。我们知道亚里士多德是"形而上学"的创始人，此后，"我们可以一般地把形而上学的问题分为两类：一类问题涉及作为诸存在物之本质系统的逻辑结构，一类问题涉及作为整体的宇宙之统一的存在根据"。简言之，从较宽泛的角度来看，"作为西方哲学的一个主要或核心的部门或学科，形而上学通常意指哲学中关于宇宙万物之最普遍、最一般、最根本、最高的根据、本质或基础的知识或理论"。❶ 这是西方传统形而上学概念的一般含义。

但在具体使用中，也有相对灵活的处理方式。牛津大学哲学教授穆尔（A. W. Moore）的态度可供我们借鉴："我的兴趣只在于以某种方式界定这个词（引者按：形而上学一词），从而关注值得关注的事物，以尽可能广

---

❶ 张志伟主编：《形而上学的历史演变》，中国人民大学出版社 2016 年版，第 1~10 页。

义的方式来使用这个词。"❶ 在这样的态度下，他把"形而上学"较宽泛地界定为"理解事物的最普遍化的尝试"，他"希望能够为尽量多的可能性留出空间，从而使这个界定能够适用于理解事物的各种方式"。❷ 因此，如何在当今的时代语境中"界定"或"建构""形而上学"这一概念最为关键，就像伯林特对"形而上学"的使用那样，重要的是这种界定与使用是否有利于解决实际问题。或许环境美学正是缺少这种对"形而上学"的宽容，以及一种以解决实际问题为旨向的开放心态。当然，这并非要抛弃形而上学的历史传统，而只是以恰当的方式、在合适的限度内平衡历史传统与当今的时代语境和现实问题。换言之，"形而上学"只是一种手段，排斥它抑或接受它不取决于其历史上的成就或弊端，而在于其是否能为当下所用，从而更好地解决问题。

因此，让我们回到西方环境美学对形而上学的排斥。或许他们排斥的只是历史上的、本身有问题的"形而上学"，但并不排斥为环境审美确定一种基本的原则或者看待事物的一般方式，比如"连续性"。伯林特所讲的"连续性"形而上学也是在较为宽泛的意义上使用"形而上学"这一概念，与穆尔的态度很相近。实际上，即便不使用这一概念，也无法完全避免类似的研究，如穆尔所言："这些批判形而上学的哲学家们都试图在更加宽泛的思想层面上进行形而上学研究。"❸ 在一定程度上讲，西方环境美学的某些理论之所以具有局限性，恰恰是因为缺少对形而上学问题的研究。我们不妨以卡尔松的环境美学为例。他从自然与艺术的区分开始，强调自然是自然的及自然是环境的，从而要"如其所是"地欣赏自然，不能像传统的方式［例如"如画"（picturesque）］那样以欣赏艺术的方式去欣赏自

---

❶ 李红："形而上学的本质与历史——访牛津大学穆尔教授"，载《哲学动态》2018 年第 6 期，第 101～102 页。

❷ 李红："形而上学的本质与历史——访牛津大学穆尔教授"，载《哲学动态》2018 年第 6 期，第 99 页。

❸ 李红："形而上学的本质与历史——访牛津大学穆尔教授"，载《哲学动态》2018 年第 6 期，第 102 页。

然。然而,关键在于自然之"所是"为何者,卡尔松认为通过科学知识便能够了解本真自然,但事实上科学知识对自然的认识毕竟是有限度的,将自然之"所是"交给科学知识的方式并不能让人信服。可见,解决好"自然是什么"或者"如何认识本真自然"这样的问题,才能弥补卡尔松环境美学的局限性。当然,怎样才能在研究这些问题的过程中避免走上传统形而上学的老路,是对当代环境美学研究的重要考验。

综上所述,我们还是应该循着伯林特的思路,以"形而上学"作为"连续性"的后缀,突出"连续性"形而上学的重要性,以及把"连续性"上升到宽泛意义上的形而上学高度的必要性。"形而上学"一词在长久的历史演变中所沉淀下来的厚重感与丰富性,足以引发人们对这一思想原则的关注与敬畏。更重要的是,敬畏人类与自然的"连续性",认识到人类理性的局限及世界的广阔无边。

三、"可能性"与关系思维范式

关于对"连续性"原则的敬畏,美国著名心理学家詹姆斯·乔雷姆·吉布森(James Jerome Gibson)的"可供性"(affordance)理论可给予我们充分的说明。程相占指出:"affordance"也被翻译为"承担性""易用性""功能可视性""示能性"等,之所以将其翻译为"可供性",是为了表达"环境提供的可能性"这个核心要点。❶"可供性"表明,"从理论上来说,环境具有无限的可能性;但是,究竟哪种可能性能够成为现实性,却取决于动物的特殊能力。这就意味着,同样的环境,对于具有不同能力的动物就会呈现出不同的'可供性'"❷。例如,"自然界中客观地充满着无数种声音,但究竟哪种声音能够被听到,则完全取决于某种动物的听力。人类之

---

❶ 参见程相占:"论生态美学的美学观与研究对象——兼论李泽厚美学观及其美学模式的缺陷",载《天津社会科学》2015年第1期,第141页。

❷ 程相占:"环境美学的理论思路及其关键词论析",载《山东社会科学》2016年第9期,第22页。

所以无法感受蝙蝠的声音世界，原因在于人类不具备蝙蝠那种感受超声波的能力”❶。“可供性”概念有两个要点。首先，“可供性”是“确实存在于环境中、可直接知觉之物，并非由知觉者所诠释、引导而产生”，因而它是客观存在的，并不会因动物的意志而改变，“物品、物质、场所、现象、其他的动物等等，环境内所有的东西都具备‘affordance’”。❷ 其次，“可供性”也具有主观性。它虽然是客观存在的，却也需要动物的主观寻找与发现，它“不但是环境的事实，同时也是行为的事实”，而“不论‘affor-dance’被利用的时间是长还是短，一定能够观察到寻找的过程”。❸

那么，如果将“可供性”概念拓展到环境审美欣赏中，就意味着我们所感受到的都是我们“能”感受到的，因而，我们的审美经验的获得取决于环境提供的可能性与审美个体的契合。而审美个体作为环境中的一部分同样存在无限的可能性，同一个审美个体，面对同样的环境，在不同的心理状态下会有不同的审美体验。当然，审美个体的这种在具体审美情境中的无限可能性或许偏离了吉布森所说的“可供性”，严谨起见，笔者在这里借鉴吉布森的理路，但仅用“可能性”一词。因而，审美体验的发生是环境可能性与个体可能性的契合或碰撞，这些契合点也就是伯林特“审美场”理论中的各种不同的审美因素，或卡尔松环境美学中审美对象与环境的适应。但从另一个角度来看，以“可供性”的理路解读审美体验的发生或许缺乏解释力度，因为如果环境内所有的事物都有无限可能性，那么这在一定程度上取消了可能性。“环境可能性与个体可能性”的契合也就是“环境与个体的契合”。但必须说明的是，使用“可能性”的意义在于它强调了包括人类在内的环境的丰富性与多维性，无论人类还是其他的生物（包括有机物与无机物）对彼此的敞开都是不完全的。在这个意义上讲，

---

❶ 程相占：“环境美学的理论思路及其关键词论析”，载《山东社会科学》2016 年第 9 期，第 22 页。

❷ ［日］后藤武、［日］佐佐木正人、［日］深泽直人：《设计的生态学：新设计教科书》，黄友玫译，广西师范大学出版社 2016 年版，第 27 页。

❸ ［日］后藤武、［日］佐佐木正人、［日］深泽直人：《设计的生态学：新设计教科书》，黄友玫译，广西师范大学出版社 2016 年版，第 27～28 页。

连续性是一个事物与另一个事物的不完全的可能性的契合，并且契合也是动态的、多变的，这是由环境欣赏的当下性与直接性所决定的。

"可供性"与"连续性"的内在理路的一致之处还在于它们都是一种去除主客二元对立的"关系"范式。虽然"affordance"作为一种性质是客观存在的，但是如果没有动物的发现及挑选，它就只是一种性质，而不是"affordance"，因为"affordance"本身是环境相对于动物的可能性，缺少了二者中的任何一个，"可供性"都是不成立的。为了解释"可供性"的含义，吉布森引用了生态学家所讲的"生境"（niche）概念。他讲道："它（引者按：生境）与物种的'栖息地'（habitat）不完全相同，生境更多地是指动物'怎样'生存而不是生存在'哪里'。我认为一个生境就是一系列的可供性。……特定的生境意味着一种特定的动物，而这种动物也意味着一种生境。"❶ 因而，"可供性"意味着生境与动物双方在某种可能性上建立起联系。可以说，这种关系是主体间性的，它取消了主体与客体的二元对立，如吉布森自己所说：

> 关于环境可供性的一个重要事实是：在某种程度上，它们是客观的、实在的和物理的……但事实上，可供性既不是客观属性，也不是主观属性；或者二者都是——如果你愿意的话。可供性超越了主—客二元对立，并能帮助我们理解其缺陷。它既是一种环境事实，也是一种行为事实。……可供性既指向环境，也指向观察者。❷

吉布森意在说明，可供性所连接的环境与个体两端，没有主客之二元对立，二者在可供性之下你中有我，我中有你，相互影响、相互依存。就

---

❶ James J. Gibson, *The Ecological Approach to Visual Perception*, New York & Hove：Psychology Press, 1986，p. 128.

❷ James J. Gibson, *The Ecological Approach to Visual Perception*, New York & Hove：Psychology Press, 1986，p. 129.

如同伯林特的“连续性”思想，如前所述，环境与欣赏者同样不存在二元对立，伯林特甚至取消了二者的区分、提倡一种无差别的合一。当然，不同于伯林特，卡尔松的“连续性”思想依旧建立在主客二元对立的基础之上。但在“连续性”形而上学之下，去除主客体的二元对立甚至取消二者的区分当是我们努力的方向。

事实上，虽然卡尔松依旧立足主客二元对立的理论立场，强调环境审美的客观性，但正与他极力反对审美无利害、审美静观等传统审美方式相对应，他提倡审美主体的积极参与。因此，他特意探讨了传统的“审美体验”与“审美欣赏”的区别，他指出：“相比‘审美体验’（experience），我更倾向于‘恰当的审美欣赏’（appropriate aesthetic appreciation），因为审美体验应该是主动的（active），而不是被动的（passive），并且对于欣赏对象而言，它有恰当与否的区别。而‘恰当的审美欣赏’这一表达更能明确地体现这一点。”❶ 由此可见，就如“可供性”理论所蕴含的主体的积极寻找与发现，卡尔松同样支持主体在审美欣赏中的积极参与。他认为：“欣赏”这一概念“表明它是一种适用于任何对象的参与的（engaged）、精神的（mental）与身体的（physical）活动，它对对象极其敏感，并且几乎完全由对象的本质所引导”❷。因此，首要的是遵循审美对象的引导，在此基础上，审美主体要积极地、主动地参与，进而从如其所是、如其所具有的属性去欣赏对象。这才是卡尔松的“客观主义”立场，而我们容易忽略他所强调的主体参与。而卡尔松对主体参与的强调与他的理论中蕴含的“连续性”思想是一致的，或者说主体参与正是他的“连续性”思想的实现。但这也只是在主客二分的基础之上，在强调审美欣赏的客观性的前提下，对审美主体的强调。而伯林特则是在去除主客二分、坚持一元论的基础之

---

❶ Allen Carlson, *Aesthetics and the Environment*：*The Appreciation of Nature*，*Art and Architecture*，London & New York：Routledge Press，2000，p. 240.

❷ Allen Carlson, *Aesthetics and the Environment*：*The Appreciation of Nature*，*Art and Architecture*，London & New York：Routledge Press，2000，p. 107.

上，强调欣赏者与欣赏对象的相互渗透与相互依存，即欣赏者与环境的"连续性"。

二者尽管哲学立场根本不同，但在"连续性"思想上有着相似之处，或许我们应该回到赫伯恩最初所表达的理念："我们似乎没有一个好的或者不好的审美方法，也就是说，我们不能说哪种方法合乎情理，哪种方法不恰当；应该说，我们头脑中存在着两个极端或者两个相差很大的标志，在这两极之间，存在着一系列的审美可能性；在这个范围内，那些标志将起着很重要或不可或缺的作用。"[1] 因此，可以把卡尔松的"连续性"思想看作"弱版本"的连续性，而将伯林特的"连续性"思想看作"强版本"的连续性。那么无论是主体与客体的关系，还是"连续性"思想，卡尔松与伯林特的理论都可以作为两个标志，虽然二者不是完全相反的两极，但或许称得上是相距较远的两端，以二者为标志，其他的环境美学家可以观照自身的位置并寻找适合自身的平衡点。

第二节 "连续性" 与环境审美模式——"过程性" 思维方式

一、环境的动态性与无框性

如前文所述，从语义学的角度讲，"连续性"的含义之一即"不停止或不改变"，这一含义本身即蕴含着"过程性"。在亚里士多德那里，"连续性"的重要意义在于它和运动密切相关，时间、空间以及作为时间和空

---

[1] ［英］罗纳德·赫伯恩："当代美学与自然美的忽视"，李莉译，程相占校，载《山东社会科学》2016年第9期，第9页。

间本质的运动都是连续的，因而"连续性"的"过程性"也正在于此。那么在西方环境美学中，由于其审美对象——环境——的特殊性，"连续性"思维方式的特征之一"过程性"，首先就体现在环境美学家们对环境本身的探讨中。

伯林特曾以建筑环境为例，详细分析了建筑与其位置的四种关系——整体式（monolithic）、细胞式（cellular）、有机的（organic）、生态的（ecological），而每种不同的建筑模式都源于关于人类环境的不同观念，且每种模式又都塑造并引导了其居住者的经验世界。因而建筑并不是孤立存在的，而是与环境经验相关联的。由此，伯林特在一般意义上进一步总结了关于环境经验的三种模式：静观的（contemplative）、积极的（active）、参与的（participatory）。❶ 静观模式毫无疑问意味着人与环境的分离，它对应的是整体式与细胞式的建筑。而环境经验的积极模式认为人们被嵌入（embedded）他们的世界，融入一个持续的行动和反应的过程，人们无法置身事外。身体与环境在物理上的互动、意识与文化在心理上的互联、感官意识的动态和谐，都使人们与其所处的环境无法分离。❷ 它对应的是有机的与生态的建筑。然而，伯林特指出，积极的模式仍然存在人与环境的分离，依旧是以人类为中心的，因为无论人与环境的交流多么密切，二者仍然有着无法消除的区别。因此，他提倡环境经验的第三种模式：参与模式，即"环境就像是由各种力构成的场，这些力与有机体是连续的，它是一种有机体作用于周围事物，而周围事物同样作用于有机体的状态，且二者之间没有真正的区分"❸。因此"人类环境是一个人与地的连续体，是一个相互施加影响（action and reception）的统一体。环境成为一个动态的、由相互决定的各种力组成的场（field）"❹。因而，在积极模式强调人对环

❶　See Arnold Berleant, *Art and Engagement*, Philadelphia：Temple University Press, 1991, pp. 79～81.
❷　See Arnold Berleant, *Art and Engagement*, Philadelphia：Temple University Press, 1991, p. 85.
❸　Arnold Berleant, *Art and Engagement*, Philadelphia：Temple University Press, 1991, p. 89.
❹　Arnold Berleant, *Art and Engagement*, Philadelphia：Temple University Press, 1991, p. 90.

境的影响、身体积极地深入环境的基础之上，参与模式也强调环境对人的影响，从而消除人类中心主义，达到一种真正的互惠性与"连续性"。以上是伯林特在环境美学之外的一般意义上所探讨的环境和环境经验，他认为实际上在人们因特别的目的而采用特别的方式——如认知的、科学的、组织的、政治的，以及传统的审美的——之前，我们关于环境的基本经验即是参与性的，现在人们只是在重新发现环境经验的基本的参与特性。❶

由此可见，不仅在美学意义上，而且在美学之外的一般意义上，人与环境是连续的，而这种连续是"过程性"的。第一，这种过程性在最一般的意义上讲即是时间性，是时间承载着人积极地进入环境，在环境中活动，与此同时又被环境影响。这一点是基本而又普遍的，笔者在这里不再赘述。第二，这种连续的过程性体现为"环境"是一个动态的"场"。伯林特将其早期的"审美场"理论拓展到了环境美学，"环境"不再是传统的人的环绕物或周围的事物，不再被看作"对象"。伯林特在现象学的哲学基础上去除了主客二分，彻底摒弃了人类中心主义。这一点非常鲜明地体现在他不用"这个"或"那个"（the）对象化地修饰"环境"（environment）。因此，包括人在内的环境场中的各种要素都是相互影响、相互作用的，这里不存在主客之分，也没有传统人类中心主义视野下主体作用于客体的那种强大力量。尽管我们习惯了把环境当作背景而常常忽略它，但人的任何行为都会受到环境的影响是毋庸置疑的。比如，道路的方向决定了我们前进的方向，它的分岔口影响并引导着我们的选择，甚至路上的灰尘或冰雪都在影响着我们如何向前。因此，人与环境的"连续性"意味着我们在环境中活动的每时每刻都在与环境场中的各种要素相互影响，意味着我们时刻处于这样一种动态的、相互作用的过程中。

那么，一般性的环境经验何以成为审美的呢？伯林特指出："正是其感

---

❶ See Arnold Berleant, *Art and Engagement*, Philadelphia: Temple University Press, 1991, p. 91.

知性质（perceptual qualities）的核心地位使得场域经验成为审美的。"并且，"经验的审美特质最终存在于直接的而非纯粹的知觉中，存在于直观而不假思索的知觉中"。❶ 欣赏者与环境的"连续性"在最基本的层面意味着其与空间的"连续性"，而"空间意识更多地依赖于肌肉运动知觉反应（kinesthetic responses）——身体对体积、密度、质地的理解，以及对构成丰富而复杂的环境感知经验的各种感官性质的理解。并且，运动和时间是这种经验的重要组成部分，而经验的同质性使它们与空间不可分割。这里存在一个有意识的人的身体与其知觉世界的连续体"❷。由此可见，在环境的审美场中，人与环境的"连续性"意味着身体与其知觉世界的"连续性"。在这个知觉场域内，运动和时间依托空间媒介，成为审美场内重要的审美要素以及审美经验的重要组成部分，而过程思维也正在于此。因此，伯林特最终将"环境"这一概念概括为："环境是吸纳人与地的动态的（dynamic）知觉—文化系统。"❸

此外，在认知主义者卡尔松那里，"环境"同样是动态变化的，而这种动态性同样蕴含了"连续性"思想及其过程性的特质。但与伯林特不同，卡尔松倡导科学认知主义，强调科学知识对环境审美的重要作用。因而，在卡尔松那里，"环境"的动态变化是他在科学知识的基础之上对环境的认识。从历时的角度来看，我们以卡尔松对景观这种环境的探讨为例。卡尔松认为："一件艺术品是在时间中某个特定的点完成的，在这个点之前发生的，我称之为作品的'生产史'（history of production），其后发生的是它的历史。"之后，卡尔松对景观与艺术品作了类比，"艺术品的生产史，如同景观的自然史（natural history），很明显地与审美欣赏相关"，但是"大多数景观不存在得以完成的某个时间点，因而它们的自然历史和它们的实际历史，它们在历史上的使用，在某种程度上是连续的，两者构成

---

❶ Arnold Berleant, *Art and Engagement*, Philadelphia: Temple University Press, 1991, p. 92.

❷ Arnold Berleant, *Art and Engagement*, Philadelphia: Temple University Press, 1991, p. 93.

❸ Arnold Berleant, *Art and Engagement*, Philadelphia: Temple University Press, 1991, pp. 103~104.

一种持续进行的（ongoing）生产史"。❶ 也就是说，与艺术品不同，景观在一定程度上是"未完成的"，它一直在持续地发展变化，因而总是处于"创作"的进程中。实际上，这种自然史意义上的发展变化包括环境本身因自然规律而产生的内部变化，同时也包括人类活动所引发的外部变化。因而，环境的自然史是一种不断变化的、前后相连的、持续发展的过程，这就体现了审美之外的环境本身的"连续性"，以及这种连续的过程性。也就是说，环境本身的这种连续呈现为一个不断发展变化的过程。以上是在审美之外，我们从科学认知的角度对环境或景观的一般认识。此外，如上文所述，在整个环境审美的过程中，欣赏者的一举一动都会直接引发作为审美对象的"环境"的动态变化。因而，作为审美对象的"环境"的动态变化同样体现了人与环境的过程性的连续。

在此值得一提的是，由于卡尔松坚持科学认知主义，因此人与环境的"连续性"主要是物理层面的，而环境及环境审美的动态性同样如此。与此不同的是，伯林特在现象学的基础上，不仅关注现实世界中物理意义上的环境，更关注"感知"中的环境。而人与环境的"连续性"也不仅在于空间意义上身体的在场，还在于心理或精神层面的"身体化"。正如伯林特所讲："我所说的建筑的动态性，不一定是物理的运动，还是感知的运动（perceptual movement），这源于一个场所的构成要素间的相互作用。"❷ 因此，对于环境及环境审美的动态性，二者的理论恰好可以形成互补，进而从物质到精神层面，全面呈现了人与环境的"连续性"。

卡尔松还指出："各种环境不仅随着时间运动变化，它们还随着空间延伸，且同样不受限制。我们的环境没有边界，当我们移动时，它随我们一起移动并发生改变，不会停止。"❸ 因此，人与环境的"连续性"还在于

---

❶ Allen Carlson, What Is the Correct Curriculum for Landscape, in Andrew Light & Jonathan M. Smith, eds. *The Aesthetics of Everyday Life*, New York: Columbia University Press, 2005, p. 98.

❷ Arnold Berleant, *The Aesthetics of Environment*, Philadelphia: Temple University Press, 1992, p. 151.

❸ Arnold Berleant, *Art and Engagement*, Philadelphia: Temple University Press, 1991, p. 151.

环境没有时空的边界，它随着欣赏者的移动而随时改变、随时形成，这也正是 "连续性" 思维所蕴含的过程性特征。卡尔松总结说："换句话说，环境作为欣赏对象不像传统艺术作品那样，它并不是 '有框架的'（framed）。在时间的维度上，它既不像戏剧或音乐作品；在空间的维度上，它也不像绘画或雕塑。"[1] 的确，正是这种时空的 "无框架性" 加深了人与环境之间的连续性，而这也正是 "环境" 的特性所在。

实际上，早在赫伯恩的那篇《当代美学与自然美的忽视》中，他就已然提到了自然的无框架性。这里的 "框架"（frame）不仅指画框，还指其他艺术中的各种设置，它们被用来使艺术对象与自然对象以及艺术对象与其他人工制品区分开来。赫伯恩指出，这些 "框架" 在这种区分意义上，包括 "剧院中舞台区与观众区的划分；音乐会上与审美相关的声音仅是那些表演者的声音；诗集的页面布局中，使诗歌与标题、页码、评论性注释与脚注相分离的排版和间距"[2]。因此，这些 "框架" 在促进艺术对象自身形式的完整的同时，也加剧了其与周围环境的分离。那么从这个角度上讲，自然作为审美对象的无框架性有益于其与周围更大环境的联结，而人与自然的 "连续性" 也正是在此基础上得以形成。此外，如赫伯恩所说："如果 '框架' 的缺失使自然审美对象没有完全的确定性与稳定性，那么作为回报，它至少提供了一种不可预料的知觉惊奇。"[3] 因此，与艺术相比，没有框架的自然显然为审美带来了不确定性与不稳定性，但这种比较也正是包括赫伯恩在内的很多环境美学家所批判的。就自然本身而言，没有框架反而使其具有极大的开放性，正是在此基础之上，人与环境之间产生了深刻的 "连续性"，进而，环境的不断变化以及由此而产生的更多的审美可能性才得以实现。

---

[1] Arnold Berleant, *Art and Engagement*, Philadelphia: Temple University Press, 1991, p. 151.

[2] Ronald Hepburn, Contemporary Aesthetics and the Neglect of Natural Beauty, in Allen Carlson & Arnold Berleant, eds. *The Aesthetics of Natural Environments*, Peterborough: Broadview Press, 2004, p. 46.

[3] Ronald Hepburn, Contemporary Aesthetics and the Neglect of Natural Beauty, in Allen Carlson & Arnold Berleant, eds. *The Aesthetics of Natural Environments*, Peterborough: Broadview Press, 2004, p. 47.

二、环境审美模式与环境审美的过程性

无论是艺术审美还是自然或环境审美，审美活动本身确实都要以时间为媒介，都会存在一个审美的"过程"，或许也正是如此，"连续性"思维以及环境审美的过程性才常常被忽略。尽管随着环境美学研究的深入，最初对自然与艺术的区分逐渐受到质疑，然而在探究环境审美的最初，我们必须明确环境及环境审美的特性，而艺术及艺术审美是一个重要的参照。

我们在上文探讨了环境的动态性与无框性，正是环境的这些特性决定了环境审美区别于艺术审美的特殊性。当然，环境的特性不只如此，我们仅选择了其中较为突出的方面。首先，不同于艺术审美，环境审美具有更现实的过程性，这里的"现实"指现实世界的实体性。如我国学者彭锋所讲：

> 对自然的审美也不可能让我们逃离现实。我们始终被自然所环绕，我们无处逃身。变化着的自然始终提醒我们它是真实地存在着的。同时，自然的实体性，使我们想象的空间大大缩小了。完全充满的、自行其是的自然在根本上不服从我们的想象。[1]

因此，我们对自然的想象空间虽然并非不存在，但相比于艺术，已是大幅缩小，转而被自然的实体性占据，这也正体现了人与环境在基本的物质实体意义上的"连续性"，也正因如此，环境审美现实的过程性才非常突出。其次，我们知道艺术品一旦在某个特定的点被完成，那么它在物理时间中就具有稳定性。但环境在物理时间中，或者说在现实世界中，持续

---

[1] 彭锋：《完美的自然：当代环境美学的哲学基础——当代环境美学的哲学基础》，北京大学出版社 2005 年版，第 6 页。

不断地变化着，因而一方面容易刺激人们的感官与心理，从而产生丰富多变的审美反应，另一方面也让人在审美中难以完全脱离现实而进入想象世界。关于这一点，彭锋援引伽德洛维奇（Stan Godlovitch）对自然欣赏与艺术欣赏的对比："即使对自然的审美经验给了我们从'实践事物所组成的真实世界'中一种愉快的逃逸或至少是一种愉快的慰藉，但它仍然没有像艺术欣赏那样，使我们整个地离开真实世界。刚好相反，对自然的审美兴趣，必须有对真实世界的兴趣。"❶ 由此可见，环境审美离不开现实世界，而人与环境在现实世界的连续更是促进了环境审美的直接现实性以及过程性。艺术审美却可以使我们整个地离开现实世界，进入想象世界。当然，如果依照伯林特的"参与美学"理论，那么无论环境还是艺术，它们与欣赏者都存在"连续性"。但就艺术欣赏而言，这种"连续性"更多地存在于感知中，因而不具有如此强烈的直接现实性。

这种人与环境在现实世界中必然的"连续性"，直接影响了环境审美的方式，实际上很多环境美学家虽然并未明确使用"连续性"一词，但其环境审美模式中都充分体现了这一点。我们知道西方环境美学以卡尔松和伯林特为代表，其环境审美模式可大致分为"认知阵营"与"非认知阵营"。❷ 首先，我们来分析"非认知阵营"中的审美模式。就伯林特环境审美的"参与模式"而言，由于"环境"本身是一个动态的场，是动态过程的产物，而人与环境的"连续性"意味着欣赏者本身也是环境场中的一个要素，那么环境审美的参与模式要求有意识的身体充分调动其各种感官，动态而全方位地去感知环境。这意味着环境审美必定要在一个动态的过程中进行，这一过程以时空为媒介，并承载着审美，从而使环境审美本身即是过程性的。这一点很明显地体现在伯林特对"描述美学"（descriptive

---

❶ 彭锋：《完美的自然——当代环境美学的哲学基础》，北京大学出版社 2005 年版，第 7 页。笔者以为此处"对自然的审美兴趣，必须有对真实世界的兴趣"，其原因主要在于人与自然在现实世界中，存在物质实体层面的"连续性"。

❷ 艾米莉·布雷迪最早在《自然环境美学》（*Aesthetics of the Natural Environment*）一书中对西方环境美学的审美模式进行了"认知"与"非认知"的概括，并将自己的综合模式归于"非认知"阵营。

aesthetics）的论述中，即"对艺术与审美经验进行记述，部分是叙述的，部分是现象学的，部分是令人回味的，有时甚至是富有启示性的"❶。描述的中心是审美体验，而其中的重点是参与（engagement）的性质问题。进而伯林特指出："环境参与的核心是感知力的持续在场。"❷ 因而，环境审美要求有意识的身体持续地参与环境，而描述美学的任务即描述这一持续在场的审美过程，从而呈现出环境的审美经验。

卡尔松作为"认知阵营"中的重要代表，提出了欣赏自然的"环境模式"（environmental model）。这一模式包含两个要点：第一，自然是自然的；第二，自然是环境的。如上文所述，由于自然环境本身是动态变化的，那么对它的欣赏也应该是动态的。因此，环境模式要求欣赏者进入环境，而不是如对象模式或景观模式那样远距离地静观。关于这一点，卡罗尔（Noel Carroll）讲道："它将众多自然区域与它们更广阔的环境背景之间的有机联系看作是至关重要的，从而克服了对象模式的局限。风等自然力量的相互作用，与受其影响的岩层的感官形状同样重要。根据这一观点，欣赏自然要关注各种自然力量之间的有机的相互作用（organic interaction）。"❸ 在这里，卡罗尔明确地指出了自然环境动态变化表象之下的深层结构，即各种自然力量间的相互作用，因此，不同于对象模式关注孤立的实体，环境模式要求关注相互作用的环境整体。卡罗尔进一步指出环境模式"与景观模式不同，不仅是那些在视觉上突出的，全部自然力量的整体都得到了理解。景观模式把自然看成一个静态的序列，而自然环境模式则承认自然的动态性"❹。由此可见，环境模式要求欣赏整体的、动态的自

❶ Arnold Berleant, *The Aesthetics of Environment*, Philadelphia: Temple University Press, 1992, p. 26.

❷ Arnold Berleant, *The Aesthetics of Environment*, Philadelphia: Temple University Press, 1992, p. 28.

❸ Noël Carroll, On Being Moved by Nature: Between Religion and Natural History, in Allen Carlson & Arnold Berleant, eds. *The Aesthetics of Natural Environments*, Peterborough: Broadview Press, 2004, p. 93.

❹ Noël Carroll, On Being Moved by Nature: Between Religion and Natural History, in Allen Carlson & Arnold Berleant, eds. *The Aesthetics of Natural Environments*, Peterborough: Broadview Press, 2004, p. 93.

然。当然，欣赏者也在环境中，是环境的一部分，这也正是人与环境之间在物质实体层面的"连续性"。那么，欣赏自然就是要欣赏包括欣赏者自身在内的动态变化的环境整体，而审美的过程性因环境中各种力量之间的互动而变得突出。从这个意义上讲，我们不妨说环境审美的过程性即在于环境中各种力量的相互作用及由此而促成的环境审美的动态性。

与自然环境相类比，卡尔松提出了欣赏人类环境的"生态学方法"（ecological approach），它将人类环境看作以"功能适应"为核心的人类生态系统。❶ 因此，要审美地欣赏一处人类环境，首先要将其置于其所在的更大的人类环境系统中，进而才能在这个系统中考察其功能是否有助于环境系统中其他要素功能的实现及系统整体功能的实现。因此，人与环境的"连续性"不仅存在于时空层面，还存在于环境对人而言的功能层面。并且，在人与环境的"连续性"之外，不同的环境之间不仅以时空为媒介相连续，还以功能为媒介相连续。因此，无论如何，人类环境欣赏的起点是人与环境，以及环境与环境之间的"连续性"。

此外，在"认知阵营"与"非认知阵营"之外，很多环境美学家走的是中间路线，他们综合了环境审美中的认知因素与非认知因素。当然，两大阵营本身也并不是截然区分的。以罗尔斯顿（Holmes Rolston Ⅲ）为例，他不仅强调科学知识在环境审美中的重要作用，也强调崇高及神圣（the sacred）在审美经验中的重要性。并且，同伯林特相似，罗尔斯顿也提倡"审美参与"（aesthetic engagement）。在对森林审美方式的论述中，罗尔斯顿指出："森林作为一种客观存在的群落的知识，不能保证形成完整的审美体验，除非你自己进入（move into）这个群落。"❷ 因此，知识确实重要，但是仅有知识还不够，至少我们要先进入森林中。罗尔斯顿进一步指

---

❶ 参见［加］卡尔松：《从自然到人文——艾伦·卡尔松环境美学文选》，薛富兴译，广西师范大学出版社 2012 年版，第 249~253 页。

❷ Holmes Rolston Ⅲ, The Aesthetic Experience of Forests, in Allen Carlson & Arnold Berleant, eds. The Aesthetics of Natural Environments, Peterborough：Broadview Press, 2004, p. 188.

出："恰当的审美体验应该'适应'（up to）森林，也就是适合它的形式、完整性、远古性与价值；但这是否发生却'取决于'（up to）我，也就是除非我看见它，这才能发生，否则就不会发生。"❶ 因此，在森林审美中，人与森林的"连续性"意味着森林是客观存在的，只有当人进入森林中，有了适合于森林的恰当的审美体验时，森林审美才真正地发生。正如罗尔斯顿所说："森林的审美体验是一种相互作用的现象（interactive phenomenon），正是在这一相互作用的过程中，森林之美得以形成。"❷ 这种相互作用体现在，客观的森林与主观体验相遇，进而产生了风景，是人类的欣赏使森林有了新的活力，而森林审美的过程性也正在于这一相互作用的过程。

---

❶ Holmes Rolston Ⅲ, The Aesthetic Experience of Forests, in Allen Carlson & Arnold Berleant, eds. *The Aesthetics of Natural Environments*, Peterborough：Broadview Press，2004，p. 189.

❷ Holmes Rolston Ⅲ, The Aesthetic Experience of Forests, in Allen Carlson & Arnold Berleant, eds. *The Aesthetics of Natural Environments*, Peterborough：Broadview Press，2004，p. 189.

第四章

"连续性"思想与西方
环境美学的理论形态

　　艾伦·卡尔松与阿诺德·伯林特作为西方环境美学的主要奠基人,其环境美学思想分别是"认知阵营"与"非认知阵营"的重要代表思想。两个阵营的划分主要依据其所倡导的审美模式,但在具体问题上双方依然存在着相通之处。就"连续性"思想而言,尽管卡尔松并未明确使用"连续性"一词,但其环境美学实际上蕴含着相关思想,我们可以称之为"弱版本"的"连续性"思想。相较之下,伯林特则明确指出"连续性"思想的重要性,并将之作为其"参与美学"的两大原则之一,我们可以称之为"强版本"的"连续性"思想。他甚至在《生活在景观中——走向一种环境美学》的导言中指出,"连续性"正日益成为其思考的基础,而这本书可以被称作"自然的连续性"。❶ 我们可以将二者的"连续性"思想作为两个参照点,以此考察其他环境美学家的理论。

　　而二者的"连续性"思想之所以能形成这样的两个趋向,是因为其哲学基础有着根本差异。虽然卡尔松的环境美学已经力图破除主客二分的人类中心主义思想,但相较伯林特立足于现象学的一元论的参与美学,卡尔松并未真正克服主客体的分离和对立,其只是使自然从孤立对象变成"整体对象",从而不可避免地将人与自然的"连续性"分割,使自然处于一个次要位置。

---

❶ Arnold Berleant, *Living in the Landscape*: *Toward an Aesthetics of Environment*, Lawrence: University Press of Kansas, 1997, p. 5.

第一节 非认知主义的"连续性"思想——
以阿诺德·伯林特为例

一、"连续性"理论的发端——"审美场"

2004 年 5 月，伯林特来到中国社会科学院进行访问，作为当代最重要的环境美学家之一，他在演讲中并未提及环境美学，而是按照他早年《审美场域：审美经验的现象学》的路数来继续思考"美学原论"问题。❶ 在这里，之所以称伯林特"审美场"（aesthetic field）的理论为"美学原论"，原因为正是立足于这一理论，他提出了"参与美学"与"环境美学"理论。且在"审美场"的理论提出 34 年之后，他依旧在思考这一问题，这足以说明该理论的根本性、基础性地位。正如他于 2010 年出版的《感知力与意义：人类世界的审美转变》（Sensibility and Sense：The Aesthetic Transformation of the Human World）导言中所言："远在 1970 年，在我的第一本书《审美场域：审美经验的现象学》中，那个观点就变成了不断拓宽的理论发展的中心。"❷ 这里的"那个观点"即"审美场"理论。在《美学再思考——激进的美学与艺术学论文》一书中，伯林特于探讨一种新的审美的特质时，更是明确指出其基本概念即为"审美场"———一种更加具有包容性的"普遍美学理论"。❸ 因此，伯林特的"审美场"理论不容忽视，其环

---

❶ 参见刘悦笛："环境美学的兴起与大地艺术难题"，见［美］阿诺德·伯林特主编：《环境与艺术：环境美学的多维视角》，刘悦笛等译，重庆出版社 2007 年版，"译者前言"，第 2 页。

❷ Arnold Berleant, Sensibility and Sense：The Aesthetic Transformation of the Human World, Exeter & Charlottesville：Imprint Academic, 2010, p. xii.

❸ 参见［美］阿诺德·柏林特：《美学再思考——激进的美学与艺术学论文》，肖双荣译，陈望衡校，武汉大学出版社 2010 年版，第 88 页。

境美学中的"连续性"思想在"审美场"理论中就已初步形成。

"审美场"中的"场"（field）概念来自物理学。这一概念最初是由法拉第引入的一种"工作模型"，用来解决带电体之间，以及电流和磁极之间作用力的传递问题。在法拉第这里，场和实物（电荷、电流等）还是分离的。此后，爱因斯坦认为场和实物之间应该是连续的，实物是能量密度特别大的地方，场则是能量密度较小的地方，爱因斯坦的理想便是放弃纯实物的概念而建立起纯粹是场的物理学。量子场论进一步继承了这一思想，量子场是"连续性"的场和"不连续性"的粒子的统一体，而粒子不过是场的某种激发的表现，场和粒子只是真空背景（所有的场都处在基态的状态）中同一实在的不同方面。❶ 场和实物在根本上依旧是连续的，因而，"场"在一般意义上指一个内部要素相互作用的连续体。那么，"审美场"作为一种特殊的"场"，除了这一基本义，具体指什么呢？伯林特在对艺术的重新定义中指出：

> 艺术只能通过艺术对象、艺术活动和艺术体验所发生的整个情境（total situation）——一个包含所有这些甚至更多内容的背景环境（setting）——去定义，我称之为"审美场"（aesthetic field），艺术对象在其中被积极地、创造性地体验为有价值的。❷

由于"任何一种艺术理论来阐释艺术都只说明了一个片面的事实"，因此他提倡一种更具包容性的审美理论。在《美学再思考——激进的美学与艺术学论文》中，他将这种包容性与爱因斯坦对传统物理学的革命进行类比："相对论物理学放弃了牛顿一些概念的绝对性，而把这些概念包容

---

❶ 关于"场"这一概念在物理学中起源和发展的论述参见韩锋："元气学说与物理场论的比较研究"，载《自然辩证法研究》2003 年第 7 期。

❷ Arnold Berleant, *The Aesthetic Field*：*A Phenomenology of Aesthetic Experience*，Christchurch：Cybereditions，2000，p. 50.

进更大的、相对的和把观察者作为部分因素包含于其中的整体性理论之中，也许，美学的发展也应当如此。”❶ 因而就艺术而言，这种理论不仅能解释传统艺术，同时也能解释当代艺术。他反对以单一要素去孤立地欣赏艺术，而要综合创作因素、对象因素、欣赏因素和表演因素，这便是“审美场”中的“审美要素”。而这些要素是相互作用、相互依存的，这首先是“审美场”作为一种“场”所规定的，并且“审美场或者审美情境中的所有元素都被综合到整体性经验的感知过程中。不仅艺术创作者、审美感知者、艺术对象和表演者之间的区别变得模糊了，四者的功能也倾向于交叉和融合，变成审美经验过程中的一个连续统”❷。

首先，“审美场”理论的“连续性”原则体现为，在审美欣赏的过程中，审美场中的各种要素相互作用、相互依存并且边界变得模糊而对彼此开放，最后形成一个连续的审美经验统一体。具体而言，如艺术创作与审美欣赏之间的“连续性”体现在：“艺术对象负载着创作的踪迹与历史，这些东西有时候被明确地标记出来，不过，它们往往作为创作过程的高潮部分，规定了我们对对象的经验顺序。……欣赏是一种再创作，是艺术家所塑造的原初经验顺序的再度生成。”❸ 因此，在审美经验形成的过程中，欣赏者与艺术创作者之间通过艺术作品本身的一些特性而成为连续的。

其次，审美场的核心概念是审美经验。简言之，“审美场”实际上是审美经验得以形成的情境或语境。在伯林特对艺术的重新定义中，他认为无论艺术是什么，它始终关乎人类的体验，是生物社会体瞬间发生的感知体验，包含审美体验模式的不变因素。艺术体验与其他体验模式是连续的，

---

❶ ［美］阿诺德·柏林特：《美学再思考——激进的美学与艺术学论文》，肖双荣译，陈望衡校，武汉大学出版社 2010 年版，第 41 页。

❷ 参见［美］阿诺德·柏林特：《美学再思考——激进的美学与艺术学论文》，肖双荣译，陈望衡校，武汉大学出版社 2010 年版，第 84 页。

❸ ［美］阿诺德·柏林特：《美学再思考——激进的美学与艺术学论文》，肖双荣译，陈望衡校，武汉大学出版社 2010 年版，第 10～11 页。

它无法与生活和人类活动的全部范围隔离开来。❶ 他在《美学再思考——激进的美学与艺术学论文》中进一步明确指出：

> 连续性不把艺术看作独立于人类其他追求之外的经验，而把它看作全部个人经验和文化经验的一部分，但仍不失其作为经验模式之一种的身份。连续性的主要线索必须在艺术对象和人类制造的其他对象之间进行探索，在艺术家和影响艺术种类与使用的社会、历史和文化因素之间进行探索，在审美经验和人类经验的广阔领域之间进行探索……❷

因此，"审美场"理论的"连续性"原则还体现在审美经验与人类生活中全部的个人经验、文化经验之间的相互作用与相互影响。实际上，"审美场"的边界或者说当下的审美情境的边界是模糊的，它并不是封闭的、自足的。如伯林特所言，"审美场"内部的要素如艺术对象、艺术家、感知者与表演者，它们与其他的人造对象、社会文化因素、记忆联想等都是连续的。因而，相比"审美场"内部诸要素的"连续性"，这是"审美场"与外部的"连续性"，或者更确切地讲，这些外部要素实际上通过"有意识的身体"而成为"审美场"内部的审美要素。当然，内部与外部实际上也并无明确的分界线，"连续性"原则决定了二者必定对彼此开放，二者相互交融、相互影响。

由此可见，"连续性"原则是"审美场"理论的基本原则，伯林特在《美学再思考——激进的美学与艺术学论文》中指出，如果要建构一种不同于传统的、新的、"足够包容所有相关因素的"审美，"主要的原理有两

---

❶ See Arnold Berleant, *The Aesthetic Field: A Phenomenology of Aesthetic Experience*, Christchurch: Cybereditions, 2000, pp. 50 ~ 51.
❷ ［美］阿诺德·柏林特：《美学再思考——激进的美学与艺术学论文》，肖双荣译，陈望衡校，武汉大学出版社 2010 年版，第 43 ~ 44 页。

条：连续性和参与性"。●"连续性"成为建构一种新的审美理论的两大原则之一，而这种新的审美理论具有包容性，是能同时解释传统艺术与当代艺术的"参与美学"。伯林特的环境美学便是在与"审美场"理论一脉相承的基础之上，从艺术转向环境，最终形成系统的理论体系。

二、"连续性"与"环境"的生成

与卡尔松从自然欣赏的"环境模式"进入环境美学不同，伯林特是在早期"审美场"理论的奠基之下，从参与美学进入环境美学。因而，他首先重新界定了"环境"这一概念，当然，这个界定也离不开"审美场"理论。在《环境美学》一书中，他指出若从哲学尤其是美学角度研究环境，我们需要修正"什么是环境"这一观念。❷ 但在探讨"环境"这一概念之前，伯林特首先阐明了他的自然观。他认为存在一种最深层次的统一，即把万物均视作自然界的合法的一部分，在这里，自然涵盖万物，它们都遵循同样的存在标准，都呈现同样的过程，都例证了同样的科学准则，都唤起了同样的好奇、同样的沮丧，且最终都被人们同样地接受；并且，最终，一切事物均是互相影响的，人类与其他一切事物都居于一个普遍联系的整体中，即我们通常所说的"自然之外无他物"。进而，在这一整体性自然观的基础之上，伯林特指出："按我的理解，无论人们以怎样的方式生活，环境都是人们生活着的自然过程（natural process）。环境是被人们体验的自然、被生活的自然。"❸ 因此，环境与自然一样都是一个包容人与其他一切事物、相互影响且普遍联系的统一体，不同的是，自然仅在一般意义上涵盖人类，就像自然涵盖其他一切事物一样。而环境是人们生活着的自然过

● ［美］阿诺德·柏林特：《美学再思考——激进的美学与艺术学论文》，肖双荣译，陈望衡校，武汉大学出版社 2010 年版，第 43 页。

❷ See Arnold Berleant, *The Aesthetics of Environment*, Philadelphia：Temple University Press, 1992, p. 2.

❸ Arnold Berleant, *The Aesthetics of Environment*, Philadelphia：Temple University Press, 1992, pp. 8 ~ 10.

程，环境之所以成为环境，是因为有人类及其生活的存在，它更强调人的维度，进一步而言，强调人的身体的维度。

在《生活在景观中——走向一种环境美学》一书中，伯林特进一步指出，"我们与所处环境之间并没有明确的界限"，并且"环境是一个更大的概念，因为它包含了我们制造的特定物品及其物理背景，所有这些都与人类居住者密不可分。内部和外部、意识与物质世界、人类与自然过程并不是对立的两极，而是同一事物——人类环境统一体——的不同方面"。❶ 这里有两个要点。其一，"环境"不仅是物理或地理意义上的环境，它还是观念的、文化的，"我们对物理环境的感知、我们的环境理念和行动、文化和社会赋予的秩序等，环境是所有这些的总和"❷。当然，这里的"总和"并非简单、机械地相加，而是各种因素相融合的结果。其二，基于第一点，我们很容易发现，环境作为一个融合体，并非外在于人，更不与人相对立，无论在物理层面还是精神文化层面，环境与人都是连续的，二者共同构成了一个统一体。

因此，在伯林特那里，"环境"不仅涵盖物质世界，还涵盖人类内在的精神世界。事实上，这一界定已非常接近"审美场"的理论了。在此需要指出，在伯林特那里，"环境"的含义已经远远超出其字面意义，也超出了我们的日常经验范围。伯林特自己也坦言："环境是一个被各种价值充满的，由有机体、感知、空间构成的浑然统一体，在英语中试图表达这一观念几乎是不可能的。一些常用的表达，如'背景'（setting）、'情景'（circumstances）、'我们生活于其中的环境'（the environment in which we live），都不可避免地是二元的，也都不合适。"❸ 他曾在《艺术与介入》

---

❶ Arnold Berleant, *Living in the Landscape*: *Toward an Aesthetics of Environment*, Lawrence: University Press of Kansas, 1997, pp. 11 ~ 12.

❷ Arnold Berleant, *Living in the Landscape*: *Toward an Aesthetics of Environment*, Lawrence: University Press of Kansas, 1997, p. 14.

❸ Arnold Berleant, *The Aesthetics of Environment*, Philadelphia: Temple University Press, 1992, p. 10.

中，将"环境"简明地概括为："融合（assimilate）人与地的动态的知觉——文化系统。"● 因此，要理解伯林特环境美学中的"环境"概念就不可局限于词源意义及日常生活中的"环境"的用法。

进而，关于环境经验，伯林特总结了三种不同的环境经验模式：静观模式（contemplative model）、积极模式（active model）和参与模式（participatory model）。静观模式建立在人与环境相分离的基础上。积极模式则视感知者身体在积极参与，但它依旧视人与环境相分离，它强调人作为感知者对环境的影响与作用，却忽略了环境也同样影响并作用于人。因而伯林特倡导参与模式，他强调"环境是一种与有机体相连续的力场，是一种有机体作用于周围事物且周围事物也作用于有机体的状态，它们之间没有真正的界限"●。因此，伯林特在其早期"审美场"理论的基础之上，把环境看作一个由人与其他各种要素共同构成的"场"，而场内包括人在内的各种要素都是平等的，它们相互影响并相互依存。因而在这个意义上讲，人与其他各种要素是连续的，这就从根本上消除了人类中心主义。进一步讲，伯林特认为："在我们为特定的目的——认知、科学、组织、政治以及传统意义上审美的——而采用特定的模式之前，我们关于环境的基本经验即是参与性的。这种经验基本的参与性特征正在被人们依照很多不同的路线——其中有现象学的、解释学的、心理学的、宗教学的、环境的、艺术的——重新发现"●，因此，在审美之外，人与环境即是连续的，而人关于环境的一般性经验即是参与性的。

如前文所述，伯林特将"连续性"与参与性视为建构一种新的审美的两大相辅相成的基本原则。在《美学与环境——一个主题的多重变奏》一书中，伯林特在论述环境的审美体验的参与模式时指出："环境被理解为

● Arnold Berleant, *Art and Engagement*, Philadelphia：Temple University Press, 1991, p. 103. 这里的"融合"（assimilate）一词，本义即指某物融合在另一物中并成为其中的一部分，而不是分离的一部分。

● Arnold Berleant, *Art and Engagement*, Philadelphia：Temple University Press, 1991, p. 89.

● Arnold Berleant, *Art and Engagement*, Philadelphia：Temple University Press, 1991, p. 91.

一个与有机体连续的、由各种力量组成的场域（力场）。在这种力场中，有机体影响环境，环境也影响有机体，二者之间保持着互动关系；而且，在这个力场中，有机体与环境之间没有明确的界限。这种模式可以被设想为审美体验的参与模式。"❶ 在这里，伯林特从审美体验的角度，将环境视为一个与人相连续的场域。可以说，这是"审美场"作为一种美学原论在环境美学中的具体实现，只不过"审美场"中的四大审美要素❷——艺术品（work of art）、审美感知者（aesthetic perceiver）、艺术家（artist）、表演者（performer）——在具体的环境审美中已然成了具体的人，这也体现了"审美场"理论所要求的审美欣赏的情境性。因此，环境是与人相连续的环境，那么环境场内的审美要素就不仅包括我们能看见或听见的其他自然或人造的事物，还包括我们看不见，需要用触觉、嗅觉、味觉等多种感官以及整个身体去感知的事物，如空气、湿度、温度等；它不仅包括物质世界，还包括人类内在的精神世界，如个人的记忆、性情、心情，等等。总之，所有这些在环境场内的要素都会影响我们的审美体验。因此，人与环境的"连续性"，即环境场内部的"连续性"是审美体验产生的基础，正是在这种"连续性"之下，各种审美因素得以综合作用于我们的感知，最终产生审美体验。尽管这样表述不免将审美体验的产生过程简单化了，但笔者意在强调无论这一过程是怎样的，它的起点都是人与环境的连续。虽然传统的审美欣赏方式如无利害、静观等曾长久地被人们奉为圭臬，也自然会产生相应的审美体验，但正如伯林特和卡尔松等环境美学家所共同表达的，这样的审美体验并不完整也并不总是有效。此外，人与环境的"连续性"作为"审美场"内部的"连续性"，对审美体验的作用是直接的、当下的，环境会直接影响人们在具体的审美情境中的审美感知。

---

❶ ［美］阿诺德·柏林特：《美学与环境——一个主题的多重变奏》，程相占、宋艳霞译，河南大学出版社 2013 年版，第 12 页。

❷ See Arnold Berleant, *The Aesthetic Field*：*A Phenomenology of Aesthetic Experience*，Christchurch：Cybereditions，2000，pp. 51~71.

那么在环境场中，审美经验究竟是怎样形成的？关于这一点，伯林特详细阐述了美感发生的机制。他强调："'自然'和'环境'是等同的概念，一切存在物都是自然/环境，包括人类，都是自然。也就是说，人和自然并不是割裂的，而是浑然一体，具有相同的本质。既然如此，我们不必像卡尔松那样先认识自然本质，再根据自然本质提出适当的自然欣赏模式，而是着重描述人对自然的审美体验，研究审美感知的过程与机制。"❶ 那么，一般性的环境与经验何以成为"审美的"？他认为感知是审美体验的中心。"归根结底，人类环境是一个感知系统（perceptual system），是一个有序的体验链（an order of experience）。"❷ "正是各种不同感知特质的中心地位使得场域经验成为审美的。这些特质指对事物的表层感觉，更多地还指注意力的敏锐、对性质的精细辨析以及记忆与想象的多方面共鸣"❸，因而，审美感知的发生总体上与以下几个方面相关。

首先，"环境感知最简单的形式是感觉（sensory awareness），它是其他一切产生的先决条件"❹。而不同类型感觉的区分仅仅存在于理论分析或实验状态中，在具体的审美情境中，各种感觉——如视觉、听觉、嗅觉、味觉、表皮触觉、皮下感觉、肌肉和关节的运动感觉、前庭感觉等——往往难分彼此、相互交融、综合作用于感知，此即"通感"或"联觉"（synaesthesia）。❺ 也即，各种不同的感觉作为环境场中的要素是连续的。而且，"环境感知比其他任何情况都更有力地使全部的、互动的人类感官参与进来，我们通过身体与空间的相互渗透而成为环境的一部分"❻。因此，在环境感知中，不同感官之间的联觉与互动更为强烈。

❶ 胡友峰："景观设计何以成为生态美学——以贾科苏·科欧为中心的考察"，载《西南民族大学学报（人文社科版）》2019 年第 4 期，第 163 页。

❷ Arnold Berleant, *The Aesthetics of Environment*, Philadelphia: Temple University Press, 1992, p. 20.

❸ Arnold Berleant, *Art and Engagement*, Philadelphia: Temple University Press, 1991, pp. 91~92.

❹ Arnold Berleant, *The Aesthetics of Environment*, Philadelphia: Temple University Press, 1992, p. 14.

❺ Arnold Berleant, *The Aesthetics of Environment*, Philadelphia: Temple University Press, 1992, p. 17.

❻ Arnold Berleant, *The Aesthetics of Environment*, Philadelphia: Temple University Press, 1992, p. 17.

其次，除了生理因素，社会文化因素也强烈地影响着感知。伯林特认为，我们是"文化有机体"（cultural organism）。"除了直接感觉到的，其他因素也参与塑造并改变我们的经验。因为感知不仅是感官上的或生理上的，它还融合了文化影响。""……个体过去的历史经验也强烈影响着各种刺激—反应及行为模式。社会经验及文化因素也通过知觉习惯、信仰体系、生活方式、行为习惯和价值判断等作用于感知。"❶ 因此，社会文化因素首先持续地作用于人，并塑造人，促使其形成独特的信仰价值体系、心理结构、行为方式等，进而人们在环境场中审美地欣赏环境时，这些因素会通过有意识的身体，"身体化"为感知经验的一部分，形成具有独特文化印记的审美感知，并与感官感知相融合，最终形成审美经验统一体。当然，感官感知与身体化的感知经验之间在实际的环境审美中并不是截然区分的，也并不存在所谓的"表层"与"深层"的对立与隔阂。

因此，审美经验与社会文化的"连续性"是间接的，我们不妨说社会文化通过人这一中介，或进一步言，通过"身体"这个中介，间接地作用于审美经验。关于审美经验中身体这一维度，笔者会在下文详述。当然，社会文化因素同样也会持续地作用于环境场中除人以外的其他因素。只是在具体的审美情境中，或者说在环境场中，社会文化会通过欣赏者而持续在场，即与欣赏者是连续的。而社会文化对环境中其他因素的影响却暂时被悬置了，或者说相对停滞了，这也是环境场的特性所引发的必然结果。由于环境场是一个统一体，它具有整体性、统一性的同时，就有相对封闭性或排外性。我们不妨联想一下实际生活中的环境欣赏，当你站在公园中的某处时，欣赏会以自身为中心点向外扩散，直至你再也听不到鸟声的那个地方，或目之所及最远的那棵绿树的地方等，总会有一个模糊却又相对清晰的心理上的或物质上的边界，即审美场的边界。因此，社会文化因素对环境场中其他要素的影响并非持续不断的，因而二者并非连续的。在此，

---

❶ Arnold Berleant, *The Aesthetics of Environment*, Philadelphia: Temple University Press, 1992, pp. 18~19.

笔者意在强调"连续性"的过程性，即两个或多个事物间的相互作用与相互影响并不是结果性的，这种影响或作用在时间的维度上有一个持续不断的过程，就像欣赏环境时，人的价值判断、心理结构等依旧会受到社会文化因素的持续影响一样。

因此，环境审美体验的发生总体上遵循以下路径：在具体的审美情境或环境场中，以人与环境的"连续性"为起点，环境场内的各种审美要素综合地、直接地作用于审美感知，而与此同时社会文化因素在与审美体验的"连续性"下，通过身体的持续在场间接地作用于审美感知，从而最终形成环境审美体验。

第二节　认知主义的"连续性"思想——以艾伦·卡尔松为例

一、"连续性"与自然环境审美

卡尔松从研究自然美学入手，进而扩展到环境美学。尽管研究对象有了扩展，但基本思路未变，无论是自然美学还是环境美学，他认为其基本问题都是：欣赏什么以及如何欣赏。薛富兴讲道：

> 自始至终，卡尔松的自然审美阐释均立足于"自然审美欣赏"这一环节，而科学知识的作用也只在自然审美欣赏这一环节中提出来，只在这一环节内解释。对于自然对象特性本身究竟为何物，卡尔松始终没有正面论述。❶

---

❶ 薛富兴："艾伦·卡尔松的科学认知主义理论"，载《文艺研究》2009 年第 7 期，第 30～31 页。

薛富兴进一步讲道，对于这一点，卡尔松认为他反复强调科学知识的重要性就是在解决这一问题。但薛富兴指出："诚然，在形而下层面，在每一次具体的自然审美欣赏过程中，我们关于特定自然对象的特定知识确实可以帮我们不少，但是，欣赏环节，科学知识形而下的具体指导功能，并不足以取代形而上层面的自然对象论。"❶ 因此，卡尔松实际上避开了形而上的对象论，不是从"自然"是什么开始，而是转从"欣赏"开始。这和卡尔松的整个环境美学理论对形而上学的排斥是一致的，也正是这样的基调使得"连续性"问题在他那里始终处于形而下的具体的审美过程层面，无法进一步上升。

不得不说，"自然是什么"，它的特性、结构、类型等究竟是什么，的确难以回答。如乔治·桑塔亚那（George Santayana）在《美感》中所描述的："自然景观是一个不确定的对象；它几乎总是包含足够的多样性，使眼睛在选择、强调和组合它的元素方面有很大的自由，而且它还含有丰富的暗示和模糊的情感刺激。"❷ 由此可见，自然是无定形的、混杂的、多样的，而在丰富多样的形式之下，又有着深刻的内蕴，并且不像艺术，自然并非人类所创造，而是造物的奇迹，如果抛去自工业革命以来的傲慢自大的人类中心主义观念，我们将感到自然的伟大和人类的渺小，任何企图全面了解或掌握自然的想法都是愚蠢的。或许，也正是因此卡尔松想另辟蹊径，从"选择、强调以及组织其元素"入手，避开了自然究竟是什么这一本体论问题。

尽管卡尔松并未系统地探究自然的特性，但他还是给出了自己的分析："自然是自然的"（nature is natural）以及"自然是环境的"（nature is an environment）❸。就前者而言，乍看之下，"自然是自然的"似乎是同义反

---

❶ 薛富兴："艾伦·卡尔松的科学认知主义理论"，载《文艺研究》2009年第7期，第31页。

❷ George Santayana, *The Sense of Beauty: Being the Outlines of Aesthetic Theory*, New York: Random House, Inc, 1955, p. 133.

❸ Allen Carlson, *Aesthetics and the Environment: The Appreciation of Nature, Art and Architecture*, London & New York: Routledge Press, 2000, pp. 47~51.

复的语言游戏。自然当然是自然，正如艺术就是艺术，对于审美欣赏而言，这似乎是不必特意强调的。然而若仔细考察其提出的背景，便不难理解卡尔松的用意。学界公认罗纳德·赫伯恩的《当代美学与自然美的忽视》引发了人们对自然美的重新思考，而在此之前，欣赏自然采用的都是艺术途径，卡尔松将这种艺术途径概括为"对象模式"（object model）与"景观模式"（landscape model）。针对这两种模式的弊端，他提出了"自然环境模式"（natural environmental model），他指出："这种模式将重点放在以下事实上：自然环境既是自然的也是环境的，与对象模式和景观模式不同，它并没有将自然物体同化成艺术对象或将自然环境同化成风景。"❶ 这也沿袭了赫伯恩在文章中所提出的要依照自然的真实本性去欣赏自然的思路。

因此，卡尔松之所以强调将自然当作自然、如其所是地去欣赏，是因为其以此反对学界长久以来将自然当作艺术去欣赏的传统。我们常说"不破不立"，卡尔松强调"自然是自然的"，算是打破了自然审美的旧有模式，但这仅仅是为自然排除了过往路上的干扰，将其放在了一个新的起点上，这只是重建自然审美欣赏的第一步，或者说只是重新站在了自然审美欣赏的起点上。正如笔者在前文所讲的，自然当然是自然，对于审美欣赏而言，这本就无须特意强调。就好像我们走了长长的路，却慢慢发现我们绕了一圈弯路，走着走着又回到了原来的起点。因而，当我们回到起点准备重新出发时，"立"就显得尤为重要，如果"立"不住，也就不能真正地"破"。那么，卡尔松是如何"立"的？他通过强调"自然是环境的"确立了自然自身的特质。虽然这一观点并非卡尔松原创，但他将其整合纳入自己的理论体系，使之成为其理论体系中重要的一环，这也正说明"自然是环境的"这一观点对自然美学的重要性。而且也正由此，卡尔松自然而然地转向了后期的"环境美学"研究。

"自然是环境的"作为卡尔松"自然环境模式"的两个重点之一，是

---

❶ ［加］艾伦·卡尔松：《自然与景观》，陈李波译，湖南科学技术出版社 2006 年版，第 34 页。

直接针对自然欣赏的艺术途径而提出的。因而，让我们来仔细分析一下艺术途径所包含的两种模式的特质。

就"景观模式"而言，正如"景观"这个词所呈现的，这一模式是18世纪"如画"派生的结果。它有三个要点。首先，它要求欣赏者保持特定的距离和视点，如果在物理空间上无法做到这一点，甚至会以"克劳德玻璃"——一种小巧而带色彩的凸透镜——作为辅助，以调整对象在欣赏者眼中的距离和色彩。其次，它要求欣赏者将眼前的景色分割成单个的、能够独立出来的场景或片段，就像用画框或相机的镜头将其框定出来一样。再次，进而就如同欣赏风景画一般，它要求我们在保持空间距离的基础之上，也保持情感距离，进行无利害的、静态的、二维的审美欣赏。最后，这种模式所产生的欣赏效果便是我们过多地或主要地关注其视觉特性，关注其形式美，包括色彩的搭配、形状、构图等。❶

不同于"景观模式"，就对象与环境的关系而言，"对象模式"本身便陷入了两难的境地。它要求我们在实际或想象上将对象与周围环境分开，让其成为自持的美学单体，进而我们需要关注其感官属性与可能具有的表现属性。但自然物体本身并非如传统艺术品一般，先天地便与环境可分，是环境创造了它、养育了它或长久以来保存了它。如卡尔松所言："自然对象与他们的环境是有机统一（organic unity）的：这些对象是环境的一部分，并且它们通过环境营造的那些推动力，从其环境要素中发展而来。因而自然对象与创造它们的环境具有审美相关性。而且正是由此，按照呈现这些自然对象的环境与创造它们的环境要么相同要么不同这一事实，前者同样与自然对象具有审美相关性。"❷ 因此，如果将自然物体移除于其所处之环境，那么它必将损失一部分因环境而产生的审美属性，这样的审美欣

---

❶ See Allen Carlson, *Aesthetics and the Environment*：*The Appreciation of Nature*，*Art and Architecture*，London & New York：Routledge Press，2000，pp. 44～47.

❷ Allen Carlson, *Aesthetics and the Environment*：*The Appreciation of Nature*，*Art and Architecture*，London & New York：Routledge Press，2000，p. 44.

赏将是不完整的、片面的。或者说，一旦对象从原来的环境中移除，它本身便发生了变化，或量变或质变，就像杜尚的《喷泉》，原来的小便器已然不再是小便器了；而如果自然物体没有被移除，那么根据"对象模式"将对象与环境分开的要求，审美欣赏便无法实现。因而，这一模式并不适合欣赏自然，它需要根据自然本身的特性进行相应调整。

由此可见，无论是对象模式还是景观模式，都在不同程度上要求欣赏对象从环境中分离出来，在欣赏时都沿袭传统艺术审美中保持审美距离、静观的方式，并且都以视觉欣赏为主，关注欣赏对象的视觉属性，例如色彩、形状、构图等。卡尔松认为这两种模式均未如其所是、如其所具有的属性去欣赏自然。因此，除了上文所述的"自然是自然的"，卡尔松指出"自然是环境的"，试图以此纠正两种模式的弊端。他首先借用伯林特的"参与美学"，指出其理论中关于自然的环境维度。卡尔松说："第 2 种可供选择的途径倡议我们用参与来取代抽离、用投入取代距离，用主观取代客观，提倡一种参与式的自然欣赏。这个观点的一个版本可称之为'参与美学'，并被阿诺德·伯林特予以发展。"● 即真正地参与、进入所要欣赏的自然环境，而不是让自然对象与其环境分离并远远地静观。

进而，针对传统艺术途径的弊端，在"自然是自然的"以及"自然是环境的"基础之上，卡尔松提出了欣赏自然的"环境模式"。可以说，这一模式并非全是认识论方向的"如何欣赏"，它有着本体论倾向，尤其"自然是环境的"让卡尔松自然欣赏的"环境模式"立论更为严谨。卡尔松的"环境模式"借鉴了杜威的论述，认为"我们必须以体验日常生活的方式体验我们所置身的周围环境，通过视觉、嗅觉、触觉，以及其他所有的感官。但是，我们不能将它体验为一种不显眼的平常背景，而是让它成为突出的前景（obtrusive foreground）"●。由此可见，对于有些学者所担忧

● ［加］艾伦·卡尔松：《自然与景观》，陈李波译，湖南科学技术出版社 2006 年版，第 31 页。

❷ Allen Carlson, *Aesthetics and the Environment：The Appreciation of Nature, Art and Architecture*, London & New York：Routledge Press, 2000, p.48.

的环境作为一种背景会成为与人相分离的孤立"对象"这一问题，卡尔松借鉴了杜威的"一个经验"思想。也就是说，能够进入审美的环境必定不是不起眼的背景，而只能是显眼的前景，环境审美的实现就意味着环境已然从背景走向了前台。那么，为什么审美的环境能成为显眼的前景？实际上其根源就在于人与环境的"连续性"。也就是说，环境并不是与人相分离的被动的背景或对象，它通过和人的相互作用而走向前台。卡尔松还指出，正是知识使得原初的、粗糙的经验转化为确定、和谐而有意义的经验，即圆满的"一个经验"❶，由此才能为审美体验的产生确立恰当的焦点，或者说确定恰当的边界或限制。

据此，薛富兴总结了卡尔松"环境模式"欣赏自然的三个主要特征：整体、动态、全方位。详细阐述如下：

> 整体是指恰当的自然欣赏所欣赏的东西……当是包括了某一、某些对象在内，作为环境而存在的某一自然区域之整体……动态是指欣赏自然时……正确的方式应当是走近自然对象，走进自然环境，就像日常生活经验那样，在对自然动态、最好是零距离的观察中深入、细致、逼真地感知和了解自然。全方位是指……正确的自然欣赏应当如日常现实经验那样，是对自然全方位的感知与体验，应当自觉、充分地调动起自己的所有感官与智性，尽可能全面地感知、体验和理解自然。❷

可以说，以上论述精准而又全面地阐述了卡尔松"环境模式"的特征。实际上，卡尔松本人也有过相似的表述："审美欣赏从对环境对象的体

---

❶ See Allen Carlson, *Aesthetics and the Environment*: *The Appreciation of Nature*, *Art and Architecture*, London & New York: Routledge Press, 2000, p. 49.

❷ 薛富兴："论艾伦·卡尔松的'环境模式'"，载《南开学报（哲学社会科学版）》2010年第1期，第63～64页。

验发展而来，而后者最初即是亲密的（intimate）、整体的（total）、包容的（engulfing）。"● 如果我们就此进一步分析，会发现在诸多特征之下，"环境模式"指向了一个基本的原则——"连续性"。笔者在此提出"连续性"，并不是将其作为"环境模式"特征的同义反复，或者仅仅是为"环境模式"的特征冠以"连续性"之名，相反，笔者认为在"环境模式"的表层特征下，有着更深层次的统一原则，即诸多特征所共同指向的一个焦点：连续性。它就像是"环境模式"的骨架，在内里起着支撑的作用。下文我们将以这三个特征为线索详述"环境模式"所蕴含的"连续性"思想。

首先，就第一个特征——整体——而言，"环境模式"强调将自然对象放入其所在的环境，从而对整个环境进行审美欣赏。因为每一个对象与其环境都有着有机整体性关联，这种关联首先体现在物理意义上的时空的"连续性"。当然，从广义上讲，我们生活的整个世界都处于时间与空间的"连续性"之中，这是公认的，自古希腊起亚里士多德就论述了时间与空间的"连续性"，但这种"连续性"经常会淹没在一如既往的日常生活中，以至于我们常常感受不到。但是如果遵循"环境模式"的要求，时空的"连续性"在特定的审美情境下将会变得尤为生动，我们会注意到环境中各个不同的事物怎样在长久的磨合共生下，成为现在的样子、呈现这样的空间布局；我们会意识到整个环境中任何一个事物的生长变化将会怎样影响其周围的事物以及整个环境，即所谓的"牵一发而动全身"。关于环境中时间的"连续性"，卡尔松在论述审美关联性问题时，就景观的自然史分析道：

> 与艺术作品恰好相反，就时间而言，不存在一个景观予以完成的

● Allen Carlson, *Aesthetics and the Environment*：*The Appreciation of Nature*，*Art and Architecture*，London & New York：Routledge Press，2000，p. ⅻ.

某个特定点。因为这一理由,景观的自然史和它们实际上的历史——它们在历史上的使用,在某种意义上是连续的,两者构成景观一种"持续进行的"(ongoing)创作史。除此以外,还有另一层意思,即景观能够被说成是,用桑塔亚那的术语,无定形的和混杂的:绝大多数景观不断地处于这种正在创作与进一步创作的进程中。❶

因此,相比艺术品,景观的"创作史"(自然史)与其"使用史"(实际上的历史)是重合的。从宏观层面看,在漫长的时间长河中,景观是不断变化、持续生成的,或者说一直处于"未完成"的状态。而从微观层面看,此刻的景观相比上一瞬,在其基础上,已然有了新的东西生成,即便是吹过一丝清风或射来一束阳光,整个环境都会变得不同,是时间的"连续性"让其此刻的样子有迹可循、有本可依,就像大树的年轮一样,我们能感受到以往一年年的生长置换了时间,而那一圈环绕一圈的不仅是时间,也是生命的延续。

进而,对象与其环境的有机整体性关联还体现为生存的"连续性"。时空的"连续性"更多地体现在自然的形式层面,而在自然的物质层面,卡尔松认为:"景观成为一处栖息地、一个范围乃至一整片领域,即有机体居住、摄取食物和维持生存的空间与场所,而且有机体自身成为在这出'生命戏剧'中的一名群众演员。"❷并且,自然环境孕育着其中的生物,无论是生物学上的无机物,还是有机物,都受到环境的养育或庇护,反过来它们也以自身维持着整个环境的和谐与秩序。之所以强调生存的"连续性",是因为这种联结贯穿了生物"生命"的全部或部分过程,它有着生物生存的温度。卡尔松将这种生存的"连续性"称作"功能上的适合",他指出:

❶ [加]艾伦·卡尔松:《自然与景观》,陈李波译,湖南科学技术出版社2006年版,第116页。
❷ [加]艾伦·卡尔松:《自然与景观》,陈李波译,湖南科学技术出版社2006年版,第62页。

自然世界是由多层、连锁的生态系统所构成。每一种生态系统自身必须与其他各种不同生态系统彼此间适合，并且每个系统中的任一元素在其系统内部也同样彼此适合。对于单个有机体而言，这意味着一处小的生态环境。这样一种小的生态环境的重要性以及整体上的"功能的适合"，都与该有机体生存密切相关……在这里，基于适者生存的生态学原则，所作出的生态学解释可能是：没有这种适合，无论是单个有机体还是整个生态系统都不可能生存下去。❶

因此，"功能上的适合"立足于包括单个有机体或生物在内的整个生态系统的生存发展，不只每一个生态系统自身与其他生态系统有着生存的联结，生态系统内部的各个要素之间也存在联结。而且，这些生态系统有许多不同的层次，它们彼此间相互交错共生。因而，从广义上讲，在一定范围内，每一个要素与其他任意一个要素间都存在生存联结，即"功能上的适合"，这种适合体现了生命的延续以及无边界的共生，即生存的"连续性"。

其次，不同于"整体"这一特征最终指向自然环境本身的特性，"环境模式""动态""全方位"特征则主要指向欣赏者，即"环境模式"对欣赏者恰当地欣赏自然所做的要求。"动态"针对传统的"静观"，即要求我们走进自然环境，并以自身获得日常生活经验的方式体验我们所置身的周围环境。在卡尔松看来，日常生活经验与审美经验并非截然不同，不可以全然区分开来，"环境模式"要求我们以获得日常生活经验的方式进入环境，通过所有的感官去体验环境，在此基础上，对日常生活经验进行识别、整合或提炼，进而升华为审美经验。卡尔松还借鉴了杜威"一个经验"的说法而提出："一个人的知识与智力将处于自然状态的、粗糙的经验转化成确定、和谐而又有意义的经验。"❷ 因此，通过知识，我们在日常

---

❶ ［加］艾伦·卡尔松：《自然与景观》，陈李波译，湖南科学技术出版社2006年版，第61页。
❷ Allen Carlson, *Aesthetics and the Environment*: *The Appreciation of Nature*, *Art and Architecture*, London & New York: Routledge Press, 2000, p. 49.

粗糙的经验中进行区分、选择，并最终将其整合、转化为审美经验，此即杜威提出的审美经验与日常生活经验的连续性。杜威认为，在人与环境的相互作用中，经验得以产生，但很多日常生活经验常常是零碎的、不完整的，而具有自身整一性、完满的经验便是"一个经验"。"一个经验"不一定就是审美经验，但它是具有审美性质的经验，审美经验即是"一个经验"的集中与强化。❶ 但我们需要注意的是，卡尔松所说的经验与杜威的"经验"有很大的区别。"经验"在杜威那里，是其一元论哲学的根基，而卡尔松向其借鉴的主要有两个方面：第一，获得日常生活经验的方式——进入并动态地体验环境；第二，经验的"连续性"。卡尔松主要是强调，我们需要以获得日常生活经验的方式进入自然环境，就像我们日常活动于各种不同的环境中一样，关键是"进入"以及"动态"地去体验。在此基础上，我们才能进一步动用所有的感官，获得初步的、未加整合与转化的经验，而这些经验正是升华为审美经验的基础。当然，虽然获得初步的经验与最终形成审美经验是两个完全不同的阶段，但其过程是连续的，并且并没有明显的界限。

最后，"环境模式"的第三个特征——全方位——动用所有感官与智性去体验，从而获得初步的经验并将其升华为审美经验，"全方位"是贯穿整个审美欣赏过程的要求。"环境模式"要求我们在审美欣赏的整个过程中，全身心地投入环境中，充分调动自身的嗅觉、味觉、触觉等所有的感官，并运用环境常识或科学知识帮助我们更好地理解自然、欣赏自然。

因此，尽管卡尔松并未明确地提出"连续性"，但在其"环境模式"中，自然环境本身的"连续性"无疑是自然审美欣赏的基础，它指出了自然环境本身的特性。当然，卡尔松关注自然环境本身的特性是因为他强调知识在自然审美中的基础作用，而自然环境的"连续性"恰恰是自然科学

---

❶ 参见高建平："艺术即经验·译者前言"，见［美］约翰·杜威：《艺术即经验》，高建平译，商务印书馆 2010 年版，第XIII页。

知识所揭示的。因此，归根结底，自然环境的"连续性"在卡尔松那里只是自然科学知识的一部分，全部的自然科学知识才是其环境美学的焦点。从这个意义上讲，自然环境的"连续性"并未得到卡尔松的特别强调也是理所应当。但也正是由此，卡尔松环境美学中蕴含的"连续性"思想服从于科学认知主义，被局限于形而下的层面，无法像伯林特的"连续性"思想一样，上升至更高的形而上层面。

二、"适应"之美——"连续性"与人类环境审美

卡尔松的人类环境审美欣赏同自然环境欣赏一样，都是从对传统欣赏途径的批判开始的。传统观念认为，人类环境是一种设计性环境（designed environments），因而被精心设计的环境才值得审美关注，卡尔松称其为"设计者景观"方法（"designer landscape" approach）。因此，在人类设计这个角度上，人类环境与艺术有了紧密的联系。那么欣赏艺术的途径便顺理成章地被用于欣赏人类环境，尤其是建筑。卡尔松认为建筑是人类环境的典型，因而他的人类环境审美欣赏便从建筑审美开始。他认为尽管建筑的设计因素与其审美欣赏相关，但"设计者景观"方法已然走向了极端，即认为只有具有艺术性设计的建筑才值得审美欣赏。这种方法一方面使建筑其他的审美特性被忽略，另一方面使我们只关注那些个性化的、具有形式美的建筑，而使审美欣赏的范围非常局限。但事实上，建筑并不是典型的艺术品。

> 它们具有许多功能，因此它们内在地与人们和人们所使用的文化具有内在联系。作为建筑物，它们也与其他建筑物相关，不只是在功能上相关于那些用途相同的建筑物，也在构造上相关于那些具有类似造型和结构的建筑物，它们甚至在物理上与那些相邻的建筑物相关。

再者……也与它们所处的人类环境相关。❶

　　就此，卡尔松提出了人类环境审美的"生态学方法"（ecological approach），该方法将人类环境与自然环境进行类比："将生态学观念作为欣赏人类环境的一种途径，不是将人类环境视为与艺术作品类似，而是作为可以与组成自然环境的生态系统相类似的一种整体的人类生态系统。"❷那么，人类环境与自然环境的可比性在哪里？即人类环境的生态必然性在哪里？卡尔松认为："虽然不同类型的生态必然性可服务于这一目的，但是有一种也许可称之为'功能适应'（functional fit）的东西似乎与人类环境的审美欣赏特别相关。"❸首先，人类环境就像是一个相互连锁的交互生态系统："一种人类环境，一种景观，一种城市景观，甚至是一座特定的建筑物，在时间的过程中被'自然地'发展了——已经'有机地'增长了——它们对人类的需求、兴趣和关注做出反应，并与各种文化因素相协调。"❹卡尔松认为这种反应与协调，使得人类环境内各要素相互适应，而这种适应是功能性的，因为它使人类环境中各种相互联系的功能得以实现，他认为这种适应本质上即是功能的实现。卡尔松还说："带着这种生态学方法，牢记自然环境根据适者生存的原则运行，意识到这一原则可以根据生态学阐释为：最能适应其环境者方能生存，我们突出了功能适应观念。"❺笔者以为，虽然人类环境中各种要素在长久的磨合下，确实有助于环境内功能

---

❶　[加]艾伦·卡尔松：《从自然到人文——艾伦·卡尔松环境美学文选》，薛富兴译，孙小鸿校，广西师范大学出版社2012年版，第239页。

❷　[加]艾伦·卡尔松：《从自然到人文——艾伦·卡尔松环境美学文选》，薛富兴译，孙小鸿校，广西师范大学出版社2012年版，第240页。

❸　[加]艾伦·卡尔松：《从自然到人文——艾伦·卡尔松环境美学文选》，薛富兴译，孙小鸿校，广西师范大学出版社2012年版，第241页。"功能适应"在《自然与景观》一书中也译为"功能上的适合"，参见前文。

❹　[加]艾伦·卡尔松：《从自然到人文——艾伦·卡尔松环境美学文选》，薛富兴译，孙小鸿校，广西师范大学出版社2012年版，第243页。

❺　[加]艾伦·卡尔松：《从自然到人文——艾伦·卡尔松环境美学文选》，薛富兴译，孙小鸿校，广西师范大学出版社2012年版，第139页。

的实现，但为何是"功能"的实现而不是别的，比如"存在"？退一步讲，即使这种适应是功能性的，那也不一定只是功能性的，更不一定在本质上即是功能性的。对于"适应"的这种仿若必然的功能性，卡尔松并未作出明确的说明。因而，归根结底，在卡尔松那里，功能的适应并无稳固的立论基础。

此外，笔者以为，尽管卡尔松以自然环境系统作为类比，但"功能适应"在人类环境中显然更为主观。所谓的"功能"主要是由人类意图决定的，而不是人类环境自身在时间的持续中、在空间中各要素的磨合下内在的运行机制。卡尔松在《功能之美——以善立美：环境美学新视野》中提出了"功能不确定"问题，即很多自然物以及人造物并非只有一种功能，就人造物而言，设计者在设计之初会赋予某物某种功能，而使用者在长期使用的过程中，又会发明一些新的功能，那么哪一项功能才是"恰当功能"呢？卡尔松认为我们必须区别"恰当功能"与"偶然功能"或"无限制功能"，从而对人造物的"恰当功能"进行恰当的审美欣赏。为此，同样以自然环境作为类比，卡尔松以生物哲学中的"选择效果理论"（theory of selected effect）作为确定人类环境中恰当功能的原则。"生物学意义上的选择效果理论的基本形式是：X 的一项恰当功能是 X 们的一种效果——它们在过去在与其环境的适应中获得成功，因此最终导致现在 X 们之存在"❶，即"恰当功能"是生物在长久的自然选择下的结果。而在人类环境中，卡尔松认为起关键作用的是"市场选择"，在市场的生产与流通活动中，符合市场需求使得某产品被持续复制的功能即为"恰当功能"。卡尔松也坦言："在一件人造物满足市场需求的过程中，人类意图也确实相关，毕竟，对于人造物的生产与销售，是人类在作出决定。但是，依现在的分析，在对象被选择的过程中，这些意图只是以一种间接的方式与

---

❶ ［加］格林·帕森斯、［加］艾伦·卡尔松：《功能之美——以善立美：环境美学新视野》，薛富兴译，河南大学出版社 2015 年版，第 58 页。

之相关。"❶ 卡尔松认为在根本上起决定作用的是市场选择的机制，而不是人类意图，这样便能有效避免人类意图对人造物功能不确定的影响，从而确定其恰当功能，然而市场选择在一定程度上也是由人类需求决定的。并且，市场选择并不能作为根本的决定因素，它的本质是趋利性，其背后反映的是人类的逐利行为。尽管卡尔松想在人类环境中"接受生物哲学家的启发，走一条将功能自然化、客观化的思路"❷，但其以人类社会的市场规则去融合自然中的自然选择机制，未免有些生硬，不仅未能摆正人类在人类环境系统中的位置，还进一步割裂了自然环境与人类环境。因此，卡尔松借鉴了自然环境系统内在的运行机制，如适者生存的原则，那么人类就像自然环境中的动物一样，同样只是此系统中的一部分，所谓的"功能"就不应该仅是针对人类而言的"功能"。因此，卡尔松以自然环境系统作为类比也是不彻底的，一方面借鉴其运行原则，另一方面又不遵循这一原则的根本呈现，最终以人类意志解释自然法则。因此，卡尔松实际上并没有跳出"设计者景观"方法的立论基础，其理路依旧是人类中心主义的。

卡尔松在《功能之美——以善立美：环境美学新视野》中将"功能之美"区分为"强版本"与"弱版本"两种。前者即"适应一种功能便为美，实际上，它也是美之唯一形式或类型"，后者即"功能适应对于一个对象之美虽非其必要条件，但是其充分条件。这就是说，在美的诸形式中，适应乃其形式之一种"❸。由这两种区分可见，卡尔松在追溯功能之美的发展历程时，对"功能"在审美欣赏中的位置有着谨慎的思考。但就卡尔松对人类环境欣赏的论述来看，在审美主体当下的欣赏过程中，"功能"的适应极易滑向人类中心主义。如卡尔松所言，"要将功能适应作为欣赏人类自身创造物及其发展、可持续生存的指导性观念。当我们如此感知建筑

---

❶　［加］格林·帕森斯、［加］艾伦·卡尔松：《功能之美——以善立美：环境美学新视野》，薛富兴译，河南大学出版社 2015 年版，第 58～59 页。

❷　薛富兴："艾伦·卡尔松论功能不确定性与转化问题"，载《鄱阳湖学刊》2012 年第 3 期。

❸　［加］格林·帕森斯、［加］艾伦·卡尔松：《功能之美——以善立美：环境美学新视野》，薛富兴译，河南大学出版社 2015 年版，第 3 页。

时，自然的人类环境便会呈现出我们在自然审美欣赏中所体验到的有机统一"，并且"由于功能适应的重要性，建筑物必须根据它所发挥的功能来欣赏"。❶ 若要将功能适应作为指导性观念，让人们如此感知建筑，那么难免有排他的嫌疑，就如传统美学只关注建筑的艺术性质一样，都容易走入极端。笔者以为，就人类环境审美欣赏而言，任何排他性的审美欣赏方式都值得我们警惕。人类环境不同于自然环境，因为自然界本身有其较为明确的内在的生态必然性，换言之，相对客观的自然科学知识可以帮助我们更好地理解自然，从而如其所是地去欣赏自然。而人类环境系统的内在必然性究竟为何，如果是生态必然性，那么人类环境的生态必然性到底是不是功能的适应；如果是，那么这种适应仅仅是功能性的吗，是否有更深层次的特性等，笔者以为这些问题还有很大的思考空间。正如赫伯恩所言："在美学的一些领域，我们应该抵制运用单一最高概念的诱惑，必须用一些相关核心概念的集合来替代，这就是其中的一个领域。"❷ 赫伯恩在这里提出用相关核心概念的集合来呈现更多的可能性，这一方法我们暂且不谈，因为它不在本书讨论问题的范围内，笔者以为这种警惕单一最高概念的绝对权威和其限制的思维方式还是值得我们关注的。

因此，笔者意在于卡尔松"功能适应"的理论中删繁就简，提出一种基础性的、开放性的"适应之美"。如前文所述，"功能之美"不同于"适应之美"，人类环境各要素长久的协调适应不一定是功能性的。有了各要素的相互适应，才会有环境内功能的实现，换言之环境内各要素间相互适应协调是"功能之美"实现的充要条件，因而笔者才说这种"适应之美"是基础性的。正如薛富兴所言：

---

❶ ［加］艾伦·卡尔松：《从自然到人文——艾伦·卡尔松环境美学文选》，薛富兴译，孙小鸿校，广西师范大学出版社 2012 年版，第 137～138 页。

❷ ［英］罗纳德·赫伯恩："当代美学与自然美的忽视"，李莉译，程相占校，载《山东社会科学》2016 年第 9 期，第 11 页。

"功能"一词的基本内涵是"作用"或"效用",这种"作用"或"效用"可分两个层次理解。一曰人们发现了某物 I 具有功能 F 或某物 I 可以做 F,这是对功能的最初描述。二曰人们意识到当且仅当某物 I 具备某特性 Q 时,才可以实施某功能 F,即发现了某物 I 实现其功能的内在原因——特性 Q 与功能 F 之间的因果联系,这是对功能的深层描述。功能观念的背后是因果观念,功能现象描述的背后是因果推理。当我们说某物 I 具备某种功能 F 时,实际上是说:正是属于某物 I 的某特性 Q,才是导致某物 I 实现其功能 F 的真正原因。[1]

就人类环境系统而言,其特性 Q 是环境内各要素间在长久的磨合共生下,相互协调适应所呈现的内在运行机制。虽然卡尔松强调"功能"的重要性,但是他也并不否认这种"适应"。他将人类环境看作一种与自然生态系统相类似的整体的人类生态系统,并进一步指出:"自然环境的运作凭借的正是'适者生存'这一原则;并且只有用生态学的解释,该原则才意味着环境的适者才能在此环境中生存。对于我们的人类环境的审美欣赏而言,相似的原则也建议我们在那些最为适合并因此看上去如同它们应该如此的环境之中,才可能找到最大化的审美趣味和审美价值。"[2] 由此可见,在生态学视野下,"适应"正如自然环境中的"适者生存"原则,是人类环境基本的审美特性,正如薛富兴所推导的,正是这一基本的特性使人类环境内的功能得以实现,二者的差别不言而喻,不可混同。

进而言之,"适应"不仅是人类环境基本的审美特性,同样也是自然环境基本的审美特性。如前文所述,卡尔松的"环境模式"将自然作为一个自然环境系统进行审美欣赏,强调每一个自然对象与其环境间的有机整体性关联,注重欣赏的整体性、动态性与全方位性。当然,卡尔松同样将

---

[1] 薛富兴:"艾伦·卡尔松论功能不确定性与转化问题",载《鄱阳湖学刊》2012年第3期,第42页。

[2] [加]艾伦·卡尔松:《自然与景观》,陈李波译,湖南科学技术出版社2006年版,第76页。

"功能的适应"应用于自然环境，只是"功能"这一说法对于自然环境而言是不成立的。如薛富兴所述，自然环境本就不存在功能不确定的问题，且"人类于自然物身上所能发现的功能，无论多寡，原则上均当理解为恰当功能"，即实际上也不存在功能是否恰当的问题。他进一步解释道：

> 即使有人居然在自然对象上也发现了功能不确定性问题，甚至是不恰当功能……但是，这样的所谓自然对象的功能不确定性问题均由其使用者——人类对自然物的图谋所引起……因此也就并不属于自然功能论的讨论范围。❶

因此，功能确定与否或恰当与否在根本上取决于自然自身的运行机制——"适者生存"，即笔者所言的"适应"，"功能"也只能是在此基础上实现的于自然环境而言的"功能"，而不是人类所谓的"功能"。由此，自然环境欣赏与人类环境欣赏在生态学视野下，在"适应"这一基本的审美特性下实现了统一，而卡尔松的自然环境审美与人类环境审美也正是在这个层面上才能实现统一。薛富兴指出：

> 在人类环境审美欣赏中，我们最终欣赏的是那种虽然并无着意安排，但在长期相互磨合的历史进程中，最终形成了相依共存，很好地服务于人类日常生活需求的类生态系统效果。一言之，在人类环境审美欣赏中，我们最终欣赏的并非人文智慧，而是自然法则。❷

因此，无论是自然环境还是人类环境，"适应"都是其运行的基本特

---

❶ 薛富兴："艾伦·卡尔松论功能不确定性与转化问题"，载《鄱阳湖学刊》2012年第3期，第38页。

❷ 薛富兴："艾伦·卡尔松论人类环境的审美欣赏"，载《西北师大学报（社会科学版）》2013年第4期，第46页。

性，是其内在的、客观的运行机制。简言之，即其内部的各种要素在长久的磨合下，相互影响、相互协调、相互依存、平衡共生。当然，它离不开生态学的视野，这也是生态学的基本原则。

而如果暂且不谈生态学视野，实际上，这种"适应"从根本上讲即是"连续性"原则，下面笔者将以自然环境为例，进行具体论述。在生态学中，"适应"的含义具体是指："'生物 X 适应环境 Y'意味着环境 Y 对生物 X 的祖先提供了能影响其生活的自然选择压力，从而塑造和特化了 X 的进化。"但是"生物并不是为了适应现在的环境而设计的，而是经历过去的环境后被塑造的结果，也就是自然选择（natural selection）的结果"[1]。因此，具体而言，关于"适应"，有三个要点。第一，"适应"是一种关系，关系的两端是个体和环境，或者说生物个体和环境内的各种要素。因为"'生物主体'与其'环境'的区别只是一种相对性关系：当我们确定了某一特定生物为研究对象时，其余影响其生存与发展的各种有机与无机对象之集合，便被称为'环境'"[2]。因此，"环境"即相对于某生物体而言的其他各种要素的集合。"适应"作为一种关系，虽然是生态学视野的必然结果，但在生态学之外，它有着更普遍而一般的意义也是显而易见的。第二，这种关系的特殊性在于它是过程性的，或者说历时性的。从微观层面而言，它贯穿了生物个体的生存过程；从宏观层面而言，它贯穿了生物物种的进化历程。因而，某生物当下的呈现与其过去及将来都是连续的，当下是其经历过去的环境后被塑造的结果，而过去与当下的经历又会决定其未来的呈现。当然，生物中也从不缺少基因突变这类不可解释的现象，但这毕竟不是常态。第三，就整个系统而言，关系的两端是相互影响、相互依存、平等共生的。正如"生态系统"这一概念所揭示的："在一定时间和空间内，由生物群落与其环境组成的一个整体，各组成要素间借助物

---

[1] ［英］贝根、［新西兰］汤森、［英］哈珀：《生态学——从个体到生态系统（第四版）》，李博、张大勇、王德华等译，高等教育出版社 2016 年版，第 5 页。
[2] 薛富兴："环境美学的基本理念"，载《美育学刊》2014 年第 4 期，第 3 页。

种流动、能量流动、物质循环、信息传递，而相互联系、相互制约，并形成具有自调节功能的复合体。"❶ 当然，"连续性"之下的系统不同于生态学意义下的系统，关于这一点，笔者在后文会具体论述。

第三节 "连续性"思想差异之源：一元与二元

如上文所述，卡尔松是从自然审美欣赏进入人类环境审美欣赏的，这种最初的自然环境与人类环境的区分直接加剧了二者的分裂。卡尔松以自然生态系统作为类比，将人类环境看作一个整体的生态系统，先不谈这种类比是否会使人类环境丧失自身特性，"类比"本身并不能统一两者，就像他将艺术欣赏的整体结构运用于自然欣赏，这同样加剧了二者的分裂。当然，卡尔松的本意也不是实现二者的统一，其只是探究恰当地欣赏人类环境的方式。因而，艺术与自然的对立，以及自然环境与人类环境的对立在卡尔松那里是毋庸置疑，甚至是必要的。这和他的分析哲学背景有关，在这一点上，瑟帕玛与卡尔松是一致的。首先要把事物分类，进而依据它们各自的特性进行审美欣赏，这样才能实现恰当而严肃的审美欣赏。例如，瑟帕玛在《环境之美》中论述"分类"的重要性时指出，一个人不能处理未分类的事物，分类从语言上勾勒并阐明这个世界，将某物分类为"艺术"就决定了考察和对待它的方式。❷

不同于卡尔松，伯林特是从"审美场"理论进入环境美学的，在此基础之上，他重新界定了"环境"这一概念，伯林特的"环境"具有巨大的包容性，其本身即包括自然环境与人类环境，并且二者并非截然区分。由于环境是人的环境，是人的感知系统或"体验链"，人之所在即环境所在；

---

❶ 戈峰主编：《现代生态学》，科学出版社 2008 年第 2 版，第 352 页。
❷ 参见〔芬〕约·瑟帕玛：《环境之美》，武小西、张宜译，湖南科学技术出版社 2006 年版，第 9～10 页。

然而，我们的地球上几乎不存在不受人类影响的纯粹自然环境，因而就更不必区分二者了。此外，如前文所述，伯林特的参与美学还在"连续性"与"参与性"两个基本原则的基础之上，统一了艺术与自然。除此之外，伯林特还去除了主客二分，这从他对"环境"这一词的使用上即可看出。他说：

> 很明显，我一般不说"这个"或"那个"（the）环境，虽然这是通用语，但是它潜在的含义是很多困难的根源。因为"这个"或"那个"环境的说法会使环境客体化（objectifies），它把环境变成一种我们可以思考并处理的在我们之外并独立（independent）于我们的存在。❶

伯林特的"连续性"理论正是建立在这种去除主客二分的一元论哲学基础之上的。

与伯林特的理论相比，卡尔松的"连续性"思想并不彻底，所谓的"并不彻底"，即伯林特在一元论哲学基础上明确提出了"连续性"理论，而卡尔松的理论虽然蕴含着"连续性"思想，他却并没有真正明确地提出"连续性"这一概念，这一思想在其系统的理论框架内是建立在主客二元对立的哲学基础之上的，因而"与生俱来"地就有其局限性。这一点可以卡尔松自然审美理论中的"连续性"思想为例予以说明。卡尔松认为在欣赏什么这一问题上，并非任何自然事物都可以进行审美欣赏或具有美学意义，必须像艺术欣赏一样，有所限制、有所侧重。他将艺术欣赏的整体结构运用于自然环境，认为："在艺术作品中，美学意义上的边界和焦点取决于所讨论的艺术类型，例如画框和色彩对于一幅画具有意义。"❷ 这就需要

---

❶ Arnold Berleant, *The Aesthetics of Environment*, Philadelphia: Temple University Press, 1992, pp. 3~4.

❷ ［加］艾伦·卡尔松：《自然与景观》，陈李波译，湖南科学技术出版社2006年版，第32页。

我们了解关于艺术类型、艺术传统、艺术界自身等相关知识。尽管自然并非人类的创造品，我们关于自然的知识有限，但我们对自然的了解也不少，我们有环境常识或科学知识，通过环境常识或科学知识，我们可以在无定形的、混杂的自然中确定审美的边界与焦点。同样地，卡尔松以艺术作为类比，将艺术的审美特性加诸自然。他认为：

> 像"秩序、匀称、和谐、平衡、张力、可辨度"等存在于艺术中的审美特征，也是通过科学"让自然世界更可理解的性质"，同时也是根本上让自然看起来美的性质，是自然的"真实审美特性"。这些自然的性质我们之所以会觉得美，不仅因为它是可以通过科学加以理解的，而且更因为它"是我们在艺术中经常发现的审美性质"。❶

这实际上在一定程度上割裂了自然环境的整体性，违背了自然环境"连续性"的特质，因为我们用艺术审美的整体结构所规定的"不匀称、不和谐、不平衡"的自然，同样是自然环境系统不可或缺的一部分，它们与"匀称、和谐、平衡"的自然有着先天的、无法割裂的连续性。"自然的真实本性意味着它的本来面貌，自然中的整体性、秩序性与和谐性，是自然中所存在的，而自然中的流变、杂乱无章、无定形等特征也是自然的常态。卡尔松的自然环境模式显然将自然的这种非和谐、非秩序、无定形的特征排斥在外。"❷ 因而，自然环境的"连续性"在卡尔松那里并不彻底，或者说在卡尔松那里，先有"审美欣赏"，再有"欣赏对象的特性"，后者的提出是为了符合并适应前者，大有"削足适履"之意。因而，在自然环境的"连续性"上，卡尔松终究是囿于认识论的理路，不能抛开审美欣赏独立地看待自然的特性。因此，尽管卡尔松强调要运用如其所是、如

---

❶ 赵奎英："卡尔松自然环境模式的艺术化倾向与对象性特征"，载《天津社会科学》2016 年第 4 期，第 134 页。

❷ 李庆本："卡尔松与欣赏自然的三种模式"，载《山东社会科学》2014 年第 1 期，第 287 页。

其所具有的属性去欣赏自然，但是在他那里，自然"所是如何"并不明朗；并且，艺术欣赏整体结构的运用使得"环境模式"只欣赏了艺术审美特性规定下的自然，而非真正的自然或全部的自然。

与此不同，伯林特的理论扩大了审美边界。他认为："在人类经验中，所有的事物都有审美的品质，尽管并非一定是肯定的或令人愉悦的。每一个事物、地方或事件都被伴随着感官的直接性与意义的当下性的有意识的身体经历着，在这个意义上讲，万物都有审美的因素。对于充分参与的欣赏者而言，审美因素总是在场的（present）。"❶ 因而，在伯林特那里，我们必须接受并尊重自然的整体性，我们可以审美地欣赏全部的自然，而非人类规定下的部分自然，在每一个欣赏者积极参与的情境中，它们都蕴含着激发人们审美感知的审美因素。

尽管卡尔松反对自然欣赏的对象模式，但是将艺术的审美特性加诸自然并为其划定审美边界的做法依旧是对象化地欣赏自然。自然已不再是一个整体，而是一个可以由人框定与选择的客体。正如赵奎英所言，卡尔松欣赏自然的环境模式"表面上看与把自然当作孤立对象来欣赏的传统模式不同，实际上仍然是一种改造过的'对象模式'。这种新对象模式的主要特点是把自然从孤立对象变成整体对象，但整体对象仍然是对象"❷。或者如伯林特所言："那个观点仍然将人类的整体环境客体化，它也把环境视为一个整体，但只是一个从外部加以科学研究和分析的整体。"❸ 因此，人依旧是主体，依旧是中心。

尽管卡尔松极力反对人类中心主义，但其主客二元对立的思想基础不可避免地将人与自然的"连续性"分割，使自然处于次要位置。然而在卡

---

❶ Arnold Berleant, *The Aesthetics of Environment*, Philadelphia: Temple University Press, 1992, p. 10.

❷ 赵奎英："卡尔松自然环境模式的艺术化倾向与对象性特征"，载《天津社会科学》2016年第4期，第136页。

❸ Arnold Berleant, *The Aesthetics of Environment*, Philadelphia: Temple University Press, 1992, p. 10.

尔松看来，首先，"试图消除我们自身与自然间的距离时，参与模式可能会失去使最终经验成为审美经验的要素"。其次，"试图消除二元区分（dichotomies），例如主客二分，参与模式也可能失去区分琐碎、肤浅的欣赏与严肃、恰当的欣赏的可能性。"❶ 在卡尔松的理论立场下，这一论述也不无道理。但就伯林特的理论体系而言，他本身有着现象学的哲学背景，如前文所述，他认为感知是审美经验的主要来源，而感知以人与环境的"连续性"为起点。因此，伯林特的参与模式不仅不会阻碍审美经验的形成，还会扩展欣赏者的感知维度，从而促进审美经验的形成并使其更加丰富。关于第二点，卡尔松沿袭了赫伯恩的思想，认为要避免琐碎肤浅的自然审美，而追求严肃恰当的自然审美。因而，他十分强调科学知识的重要作用，通过科学知识在审美欣赏中的应用，保证审美欣赏的客观性与严肃性。实际上，伯林特也并不否认科学知识的作用，他认为："当我遇到裸露的地层，从地面喷涌出的泉水，飘落的雪花或者迎面而来的不停息的、彻骨的风时，科学知识可以扩大我的感觉（sensory awareness）。"❷ 即科学知识可以让我们更多地了解自然事物，从而增强我们对它们的感知。因此，对于伯林特来说，科学知识是众多审美因素中的一种，但也仅此而已。他不像卡尔松，将环境常识及科学知识置于如此重要的地位，以至于没有科学知识便不能如其所是地、客观严肃地欣赏环境。

---

❶ Allen Carlson, *Aesthetics and the Environment: The Appreciation of Nature, Art and Architecture*, London & New York: Routledge Press, 2000, p. 7.

❷ Arnold Berleant, *The Aesthetics of Environment*, Philadelphia: Temple University Press, 1992, p. 29.

第五章

"连续性"思想与西方
环境美学的理论面向

第一节 "连续性"思想与西方环境美学的身体面向

根据前文的探讨,"连续性"应当作为一种先验的、基本的审美原则,那么在具体的审美活动中,"连续性"形而上学应发挥怎样的作用?

首先,在审美欣赏发生之前,"连续性"形而上学要求我们为审美经验的产生做好观念上的准备,简单来说,即意识到人与环境间的深刻的"连续性"。我们要认识到这种"连续性"首先存在生物学基础,或者说它是天然存在的。在人类出现的早期,人与环境或与自然的"连续性"关乎生存,这是显而易见的。尽管在人与自然相互依存、相互作用的关系中,人受自然的影响更大,人与自然并不平等,但这种基于生存的"连续性"能让人从生命本源的层面更深刻地认识自我,认识自然以及人与自然的关系。而随着人类社会的发展,人与自然的联结越来越薄弱,转而日益被人与人类环境或人类影响环境❶的联结取代。换言之,不被人类影响的纯粹自然几乎不存在,正如伯林特所说:"从未经人类干预的意义上去理解,自然几乎已经消失了。我们生活在一个深受人类活动影响的世界,不仅地球上的原始荒野几乎被完全破坏,动植物也远离了它们原来的栖息地,而且地球表面的形状和特征、气候、大气层都发生了变化。"❷ 所以部分地质学家甚至提出地球已经进入了新的地质时代:"人类世"时期,强调人类在环境演化中的核心作用。

---

❶ 卡尔松将环境分为三类:自然环境(natural environments)、人类影响环境(human-influenced environments)与人类环境(human environments)。对于不同的环境类型,需结合不同的知识进行审美欣赏。参见〔加〕卡尔松:《从自然到人文——艾伦·卡尔松环境美学文选》,薛富兴译,广西师范大学出版社 2012 年版,作者序言。

❷ Arnold Berleant, *The Aesthetics of Environment*, Philadelphia: Temple University Press, 1992, pp. 166~167.

但我们需要时刻谨记，我们与自然或环境在生命本源以及生存层面的"连续性"，比如空气和水为我们提供了最基本的生命补给；与此同时，正如"蝴蝶效应"所揭示的，也需要谨记我们人类的一举一动也会影响自然或环境。我们需要发自内心地，从观念上认同并牢记人与环境的"连续性"。这种源自本心的力量就像利奥波德所论述的，只有热爱、尊敬并赞美土地，且高度认识土地的价值，才能产生一种对土地的伦理关系。❶

在此基础之上，若要在环境审美中实现伯林特的"强版本"的"连续性"，就需要彻底抛弃二元论，抛弃人类中心主义，认识到"不存在内部和外部、人类和外部世界，甚至最终不存在分离的自我和他者。……不是我生活于环境中，而是我就是我的环境。有意识的身体是作为时空环境的媒介的一部分而活动的，它成为人类经验的领地，成为人类世界、人类实在性的基础，在其中产生了区分和差别"❷。因此，人与环境最深的"连续性"恰恰在于不去区分是"人"还是"环境"，是"我"还是"你"或"他"，当人与环境都不再被特别地强调，而自然而然地相互交融、不分彼此时，便达到了"连续性"的最佳境界。当然，这一点可能更多地存在于理论或观念层面，在实践层面很难做到，但把它作为一个可以无限趋近的目标也未尝不可。

进而，在具体的审美情境中，随着环境美学审美范围的扩大，我们的审美方式势必要作出相应调整。不同于传统的艺术品，环境的空间性以及时间性尤其突出。因而，人与环境的"连续性"在最基本的层面上意味着人的在场，或者进一步而言意味着"身体"的在场。这里的"身体"不同于传统的身体，它应该是身心合一的，而不是传统身心二分之下的被割裂的身体。正如伯林特所言，身心的区分只存在理论分析层面，在现实的审美活动中，并不存在纯粹的身体或纯粹的心灵。❸ 尤其在环境审美中，以

---

❶ 参见［美］奥尔多·利奥波德：《沙乡年鉴》，侯文蕙译，吉林人民出版社1997年版，第212页。
❷ Arnold Berleant, *Art and Engagement*, Philadelphia：Temple University Press, 1991, pp. 102～103.
❸ 参见［美］阿诺德·伯林特：《美学再思考——激进的美学与艺术学论文》，肖双荣译，陈望衡校，武汉大学出版社2010年版，第108页。

往被认为是低级感受器的触觉、嗅觉和味觉,会走向台前,与视觉和听觉共同发挥作用,而它们都最直接地源自身体。实际上,"空间意识会更多地引发肌肉运动知觉的反应(kinesthetic)——身体对质量、密度、质地以及各种构成丰富而复杂的环境感知经验的感觉性质的理解"❶。因此,我们的肌肤并不是身体与空间的分界线,而是连接点,或者说正是肌肤引发了身体向空间的延伸以及空间向身体的浸入。所有这些感觉交织在一起,从而让我们形成一种总体感觉,在具体的审美情境中,我们不能也没必要去区分它们,否则会造成审美过程的中断,不利于审美经验的形成。

伯林特专门用"身体化"来表达一种具有综合性与包容性的身体以及身体与社会、文化和个人经验等的"连续性"。"身体化"即欣赏者体验到文化、社会等因素,将其身体化为感知经验的一部分,并且与感官感知相融合,共同构成完整的审美经验。"在身体化中,意义是体验到的而非认识到的。也就是说,我们通过身体把握意义,并将其吸收使之成为我们血肉的一部分。"❷ 如杨文臣所说:"文化模式与感官感知紧密结合,成为感知系统的一部分,使得任何蕴涵文化意味的感知都呈现为一种直觉,并不存在表面感觉和深层意蕴的断然区分。"❸ 因此,"身体化"将生理的与文化的审美因素融合,最终输出一种统一的感知,真正实现身心的统一,以及文化社会因素向审美经验的合法转化。在伯林特那里,这些文化社会因素具有极大的包容性,其中就包括卡尔松一直以来所强调的科学知识。但卡尔松无法解决的科学知识如何转化为审美经验的问题,在伯林特的"身体化"理论中得到了有效解决,因而,伯林特认为:

> 从环境的角度来谈论身体的一种方式就是完全放弃"身体"一词,而只谈论"身体化"。"身体化"比"身体"更好,因为从字面上

❶ Arnold Berleant, *Art and Engagement*, Philadelphia: Temple University Press, 1991, p. 93.

❷ Arnold Berleant, *Re-thinking Aesthetics*, Burlington: Ashgate, 2004, p. 86.

❸ 杨文臣:《当代西方环境美学研究》,山东大学博士学位论文,2010 年,第 68 页。

它"把身体带入"也就是统一于他或她的文化、社会、历史和个人体验的背景中,其中体验中包含了同样多的意识和物质的维度。❶

综上,在具体的审美欣赏的情境中,我们首先需要进入环境而不是无利害地远观,进而调动全部的感官去感知与体验,尤其是为传统所忽略的触觉、嗅觉、味觉以及肌肉运动知觉。就像卡尔松所言:"对它目有凝视、耳有聆听、肤有所感、鼻有所嗅,甚至也许还舌有所尝。"❷ 而与此同时,要充分调动自身的记忆、信仰、习惯、生活方式、价值判断等因素,积极地去感受环境。

此外,环境的空间性不同于艺术作品的空间性,比如绘画作品由于画框的框定,其空间相对确定,而环境的边界是模糊且不断变化的。在具体的审美情境中,环境的空间到底处于怎样的范围,取决于欣赏者所在的位置。对于环境的空间性,卡尔松讲道:"环境没有边界;我们移动时,它随我们一起移动并改变,但是不会停止。的确,它在各个方向都是连续的、没有终点的。"❸ 因此,我们要认识到在环境审美欣赏中,身体的在场意味着"我'在空间中',我在其内部生活。空间与我的身体是连续的,我是领悟空间的起点,是空间向度的零点"❹。在此需要说明的是,以人作为原点并不意味着人类的中心地位,只是由于"审美"活动必然是"人"的审美,因而需要以人为原点。正如伯林特所说:"不是因为我们最重要,而是因为我们必然是环境感知的来源。"❺

---

❶ [美] 阿诺德·伯林特:"身体化的音乐",见 [美] 阿诺德·伯林特主编:《环境与艺术:环境美学的多维视角》,刘悦笛等译,重庆出版社 2007 年版,第 176 页。

❷ Allen Carson, *Aesthetics and the Environment: The Appreciation of Nature, Art and Architecture*, London & New York: Routledge Press, 2000, p. 12.

❸ Allen Carlson, *Aesthetics and the Environment: The Appreciation of Nature, Art and Architecture*, London & New York: Routledge Press, 2000, p. XIII.

❹ Arnold Berleant, *Art and Engagement*, Philadelphia: Temple University Press, 1991, p. 86.

❺ Arnold Berleant, *The Aesthetics of Environment*, Philadelphia: Temple University Press, 1992, p. 132.

因此，作为环境空间的原点，我们需要投入全部的身心去感知，因为我们的感知力决定了空间的向度，即空间在三个维度上能有多长的延伸，这直接关系着我们审美经验的获得。因此，伯林特说："我们必须加强我们的感知意识，并提高自身感官的敏锐度。作为文化的生物，我们不是孤身一人只存在于当下，人类的感知融合了记忆、信仰和联想，这些都加深了体验。"❶ 因此，我们不妨多留意生活中大大小小的各种不同的环境，多去听、去看，去感受，去联想回忆，例如"处处闻啼鸟"的生机；"小荷才露尖尖角"的意趣；"枯藤老树昏鸦"的凄清；"千树万树梨花开"的壮美……但是伯林特也坦言："关键问题是，如何保持意义忠实于直接的感官意识，而不是为了符合我们习惯的意义去编辑感官意识。"❷ 他在这里意在强调环境审美的当下性与直接性，因此，全面的"身体化"的参与也存在一定的难题，即保持意义忠实于当下的、直接的环境感知，而非主观地去编辑、修改这种感知。我们需要意识到每一个当下的审美情境都是独一无二的，我们可以充分联想、调动自身的记忆或知识，但这些都应建立在对当下情境的把握以及忠于当下的感受之上。

第二节 "连续性"思想与西方环境美学的时空面向

一、连续的过程性与环境审美的时间性

我们知道物理时间本身是连续的，但它的"连续性"是节奏平稳且均衡的。艺术品可以在时间中长存，但这是其永恒性或稳定性的体现，而不

---

❶ Arnold Berleant, *The Aesthetics of Environment*, Philadelphia: Temple University Press, 1992, p. 23.

❷ Arnold Berleant, *The Aesthetics of Environment*, Philadelphia: Temple University Press, 1992, p. 23.

是"连续性"。比如一幅绘画作品,自其最终形成之日起,它就会一直保持不变,即便偶有破损,人们还是会尽力将其修复至原貌,因而,它没有变化,不会在时间里处于一种变化的关系中,而只是连续的时间中相对静止的事物,从这一点来看,它和时间是分离的。但环境不同,它会随着时间而变化,这变化本身有着丰富多样的形式,时而缓慢、微妙,时而急剧、鲜明,时而宏大、激烈,等等,因此环境的变化本身与时间的连续相交融,从而呈现出一种环境整体的"连续性"。

具体而言,环境的时间性首先呈现为环境本身的动态变化。在具体的审美情境中,作为审美对象的"环境"的动态变化正是基于人与环境的连续性。如卡尔松所言:"不仅我们在对象之中,而且对象也是我们欣赏的场所。如果我们移动,我们是在欣赏对象内移动,并因此改变了我们与它的关系,同时也改变了欣赏对象本身。"❶ 因此,随着人的移动,作为审美对象的"环境"也在不断地形成与变化,这正是人与环境的"连续性"所在。并且,这种"连续性"在最基本的层面上决定了审美对象的确定,即决定了我们该欣赏什么。

然而,对于环境的这种动态变化性,很多学者认为这是环境审美的阻碍,并由此质疑环境审美的可能性与客观性。例如,罗伯特·埃利奥特(Robert Elliot)认为审美评价的核心是审美判断,他以艺术审美作为类比指出:"艺术品的评价涉及根据作者意图去解释它们并判断它们;需要把它们置于作者的作品集中;并将他们定位于某个传统和特殊的背景中。而自然并不是艺术。"❷ 因此,所谓的"自然审美"因为实际上缺乏审美的核心要素,即审美判断,它也就成立不了。而很多美学家虽然承认环境审美的可能性,但也质疑环境审美的客观性。虽然这并不是完全因为环境的动

---

❶ Allen Carlson, *Aesthetics and the Environment: The Appreciation of Nature, Art and Architecture*, London & New York: Routledge Press, 2000, p. xii.

❷ Robert Elliot, Faking Nature, *Inquiry: An Interdisciplinary Journal of Philosophy*, 1982, 25 (1), pp. 81~93.

态变化，但环境的动态变化是影响其客观性的重要因素。如桑塔亚那所言："自然景观是一个不确定的（indeterminate）对象；它几乎总是包含足够的多样性，使眼睛在选择、强调和组合它的元素方面有很大的自由，而且它还含有丰富的暗示和模糊的情感刺激。"因此，他强调每一处景观都是想象与现实相结合的产物，而自然美是"一种依赖于幻想、想象以及情感的物化的美。杂乱的自然景观不能以任何其他方式欣赏。"❶ 因而桑塔亚那认为，自然环境审美只是主观想象的产物，我们所欣赏的并非自然环境本身。虽然环境的动态变化性使环境审美受到很多质疑，但实际上，它之所以受到如此多的质疑，主要是因为人们在传统艺术审美的框架中去探讨它，而环境显然不同于艺术，适用于艺术审美的不一定适用于环境审美。

从另一个角度来看，环境的动态变化性也正是环境审美自身的特性所在，赫伯恩、斋藤百合子等学者均持此观点。处于环境中的欣赏者会因为环境多样的变化而产生丰富的时间感和环境感。如斋藤百合子所言："环境的这种缺乏稳定性和持久性的特点最开始可能表现为审美上的缺陷。伊曼努尔·康德或许已经相信如此，如他所说，持续不断变化的客体，比如'壁炉中不断变化形状的火苗或者波光粼粼的小溪中泛起的不断变化的涟漪，这些景象尽管使人浮想联翩，但是其中并没有什么美可言'"，因而"我们不可能以分析具有稳定清晰结构的客体的方式解析它们的结构，如在传统的纯粹艺术中那样"。❷ 实际上，正因为如此，我们才要摒弃传统的无利害的、静观的艺术审美方式，而不是由此轻视环境的这种审美特性，或者将其排除在审美之外。在环境美学兴起之初，赫伯恩就已经指出自然的无框架性、不稳定性以及不确定性，但他认为，正因如此，"超出我们注意力原有边界的声音或景象，都能挑战我们，将其融入我们的全部体验中，

---

❶ George Santayana, *The Sense of Beauty*: *Being the Outline of Aesthetic Theory*, New York: Collier Books, 1961, p. 99.

❷ ［美］斋藤百合子："美学和艺术的环境方向"，见［美］阿诺德·伯林特主编：《环境与艺术：环境美学的多维视角》，刘悦笛等译，重庆出版社2007年版，第209页。

修正那种体验并为之留出空间",进而,"当事物与我们相处融洽时,我们体验着想象力的突然扩张——这种想象力本身就令人难忘"。❶ 因而,首先,赫伯恩意在强调,环境这种变化的、不确定的特性在挑战我们的审美感知的同时,也扩大了我们的审美体验,并且环境的这种挑战会让我们最终形成的审美体验更强烈而难忘。其次,赫伯恩还强调:自然"至少提供了这样一种不可预知的知觉惊奇;并且,它们单纯的可能性,给予自然的静观一种充满探险的开放意义"❷。因此,在他看来,变化的环境还意味着审美的多种可能性以及不可预知的知觉惊奇。斋藤百合子也指出:"不停歇的运动、令人惊奇的改变或最终的灭绝都能够消除疲劳的因素,并通过刺激我们的想象力使我们的体验充满刺激和挑战性。"❸ 这一点与赫伯恩所说的第一点是一致的。此外,她还从日本茶道及陶艺中得到启发,认为"客体的非永恒性也赋予我们的体验以一种独特、紧迫和怅惘的感受"❹。因此,环境的动态变化性在挑战我们的审美体验的同时,也扩大并丰富了我们的审美体验。

当然,由于作为审美对象的环境并不只是环境实体本身,同时其还是作为审美主体的人的建构,环境审美也并不是被动地去体验,而是主动地参与。因此,作为审美对象的环境的动态变化不仅存在于物理层面,还存在于环境审美过程中的感知层面。而人(身体)与环境在更深的感知层面的"连续性"也正在于此。环境的这种变化的"连续性"以及环境时间的流动性,会让我们产生丰富多样的主观时间感受。物理时间是客观不变的,相比之下,我们所感知的时间未必与客观的物理时间一致,比如我们经常

---

❶ [英]罗纳德·赫伯恩:"当代美学与自然美的忽视",李莉译,程相占校,载《山东社会科学》2016 年第 9 期,第 8 页。

❷ [英]罗纳德·赫伯恩:"当代美学与自然美的忽视",李莉译,程相占校,载《山东社会科学》2016 年第 9 期,第 8 页。

❸ Yuriko Saito, Environmental Directions for Aesthetics and the Arts, in Arnold Berleant, ed. *Environment and the Arts*: *Perspectives on Environmental Aesthetics*, Aldershot: Ashgate Publishing, 2002, p. 177.

❹ Yuriko Saito, Environmental Directions for Aesthetics and the Arts, in Arnold Berleant, ed. *Environment and the Arts*: *Perspectives on Environmental Aesthetics*, Aldershot: Ashgate Publishing, 2002, p. 177.

说的"刹那即永恒",物理时间上的一瞬在我们的主观感知中可能就是永恒,只觉地老天荒。当然,艺术品也能带给我们不同于客观物理时间的主观时间感受。但环境的不同之处在于,它的流变性非常强,正如上文所述,它没有框架、不确定也不稳定,因而这种主观时间感受会尤其多变而强烈。

此外,人与环境的"连续性"意味着这种变化是交互式的,我们不仅感受到环境的变化,还直接或间接地参与抑或是促成环境的变化。因而,在环境审美欣赏的情境中,我们要与环境进行互动,随着环境的变化动态地去欣赏环境。这显然不同于传统的静观方式,因此即便是最简单的在环境中走走停停也是非常有必要的。无论是街道的拐角、向上的楼梯,还是喷涌的泉水、飘落的黄叶等,都暗含着一种内在牵引的力量,而只有我们真的和环境进行互动:拐过街角、爬上楼梯,或掬一捧泉水、接一片落叶,从各种角度、以各种可能的方式参与进去,我们才能真正体会到环境别样的美。卡尔松在其《环境美学——自然、艺术与建筑的鉴赏》一书的导言中说道:"我们浸入一个潜在的(potential)欣赏对象中,并且我们的任务是实现对那个对象的审美欣赏。"❶ 这里的"潜在"与艺术品的"现成"形成鲜明的对比,它意味着"环境作为审美对象则是'潜在的',因为无论在环境中欣赏什么、怎么欣赏,都需要充分调动欣赏者的积极性来与环境进行积极互动,通过积极互动而随机构成欣赏对象"❷。因而,人与环境的"连续性"意味着我们所欣赏的"环境"是在二者的互动中形成的,"环境"在随时变化又随时形成,因而我们需要随时随地做好与环境互动、参与进去的准备。另外,在此需要说明,互动并不意味着控制,尽管我们参与所要欣赏的"环境"的形成,我们能对环境的变化产生巨大影响,但环境不同于艺术,它并不是完全由人所创造的,它有其自身的运行规律。因而,我们还是要回到最初的起点:去除人类中心主义立场,同时也不看

❶ Allen Carlson, *Aesthetics and the Environment*:*The Appreciation of Nature,Art and Architecture*,London & New York:Routledge Press,2000,p. XIII.

❷ 程相占:"环境美学的理论思路及其关键词论析",载《山东社会科学》2016年第9期,第19页。

轻自身的力量。人与环境的"连续性"意味着二者是平等的，二者相互影响、相互依存、相互成全。

二、连续的整体性与环境审美的空间性

自环境美学在20世纪后期兴起以来，美学家们即强调环境的环绕性或包围性，以及作为审美主体的人的浸入或参与。不同于传统的艺术品，环境实体本身的空间性尤其突出。卡尔松也正是在这一意义上，批判传统的自然审美。他将传统的自然审美方式总结为"对象模式"（object model）与"景观模式"（landscape model），并认为二者均是欣赏自然的"艺术途径"，也就是用欣赏艺术的方式欣赏自然，因而二者关注的只是自然二维的、静止的形式特征，由此，他强调自然是环境的，也就是自然是三维的、动态的存在，从而从最初的自然美学顺理成章地进入环境美学。虽然卡尔松对传统自然审美的批判也存在一定的问题，但这至少表明作为审美对象的"环境"实体本身的空间性尤其突出，环境的这一特性及其与传统艺术品的区别，成为很多美学家探讨环境审美的起点，但环境的空间性不止如此。

审美对象空间性的拓展伴随着审美特性从二维到三维的拓展。例如，赞格威尔（Nick Zangwill）便把"形式特性"这一概念从二维扩展到了三维。他指出："客体之间的三维空间关系能产生形式审美特性。"因而，他认为卡尔松在"形式特性"的定义中过于强调二维的形式特性。那么，如何欣赏环境的三维形式特性呢？赞格威尔认为："积极地浸入自然或许是欣赏其三维形式特性的最好办法，正如欣赏雕塑或建筑的这种特性的最好办法是在它们旁边行走。"❶ 而"浸入自然"恰恰是在人与自然相连续的维度上，自然审美欣赏应该采取的方式。传统自然审美局限于二维的视

---

❶ Nick Zangwill, Formal Natural Beauty, *Proceedings of the Aristotelian Society*, 2001, 101（1），pp. 209 ~ 224.

觉形式特性遭到批判后，美学家们把自然环境审美的感官感觉从二维的视觉扩展到了整个"身体"的三维的感官感觉。伯林特认为："有时我们通过听到和发出的声音来探测空间区域。而当雪茄的烟味、面包店的香味或女人的香水味标识他们的位置时，还存在嗅觉空间（olfactory space）。"❶ 他还根据人类学家卡彭特（Edmund Carpenter）在其著作《爱斯基摩人》（*Eskimo*）中所描述的景象论述道："我们可能生活在听觉—嗅觉空间（acoustic - olfactory space），或者我们可能在下雪或沙尘暴期间，在水下或在浓雾中，生活在触觉—动觉空间（tactile - kinesthetic space）。"❷ 因此，一方面，环境空间中蕴含着除视觉特性之外更多的审美特性，如声音、气味等，并且它们具有更鲜明的三维空间性；另一方面，对审美主体而言，环境的空间性意味着包括嗅觉、触觉等在内的更多感官感觉的参与。而究其根本，多感官的参与只有在人（身体）与环境的连续中才能实现。

值得一提的是，伯林特还强调不同感官之间的"连续性"，简单来讲，即"联觉"或"通感"。他认为："感知空间的各种通道从来就不是单一的，甚至也不是多元的；它们只能在稍后的反思中被分离和识别。"❸ 因此，在实际的审美感知中，各种不同的感官感觉并不能相互区分，它们不是单一地在起作用，甚至也不是多元地在起作用，因为多元依旧意味着存在可以相互区分的不同个体。但实际上，它们不仅有着统一的协作，而且还有着你中有我、我中有你的相互作用。当然，若从这个角度来看，视觉审美从来都不是单纯的视觉审美，而二维的形式特性也不仅仅是二维的，由此可能引发的一系列问题我们暂且按下不提。我们要考虑的是，各种感官感觉之间相互作用，并作为一个整体最终促成统一的审美体验，这正是各感官感觉之间的"连续性"所在。

关于环境空间性的另外一个重要问题是环境的框架问题。实际上，

---

❶ Arnold Berleant, *Art and Engagement*, Philadelphia: Temple University Press, 1991, p. 94.

❷ Arnold Berleant, *Art and Engagement*, Philadelphia: Temple University Press, 1991, p. 94.

❸ Arnold Berleant, *Art and Engagement*, Philadelphia: Temple University Press, 1991, p. 94.

"框架"本身是艺术审美遗留的问题，如赫伯恩所言："从广义上讲，我们可以使用'框架'（frame）和'被框定的'（framed）这两个词，它们不仅可以涵盖绘画的物理边界，还可以涵盖不同艺术中所使用的各种装置，这些装置用以防止艺术对象被误认为自然对象或不具审美意味的人工制品。"[1] 因此，绘画作品的边框、雕塑的底座、舞台区的单独分隔等都属于"框架"。从根本上讲，框架的存在有效分隔了艺术与非艺术，促使艺术品内部形成封闭、稳定的审美结构。但作为审美对象的"环境"毕竟从根本上不同于艺术品，尤其是自然环境，它并不是人造的，其本身无所谓"框架"。

因此，在艺术审美的体系内，人们对环境审美就有了两种态度：其一，环境是无框的、不定型的，也就没有稳定的审美结构，因而环境审美不具有可能性。其二，可以在想象或联想中为环境赋予"框架"，从而实现环境审美。而对于第二点，又存在三种态度。第一，有学者认为为环境设定框架，并未如其所是地欣赏环境本身，不具有审美的客观性。卡尔松即从这个角度批判了18世纪以来的"如画"传统，认为如果像欣赏风景画一样欣赏自然，那么环境的相关部分必定被框定，或以某种方式让其与周围环境相分离，比如曾十分盛行的"克劳德玻璃"。[2] 而如此一来，自然硬生生变成二维的、静止的存在，而且恰当的环境欣赏意味着我们在自然环境之中，而不是从外在的特定视角、远距离地框定自然环境。第二，有学者认为，即便我们主观地为自然环境设置了框架，但我们欣赏的依旧是自然环境的某个维度，而不是别的什么（如风景画）[3]，因此，为环境设置框架并不影响环境审美的客观性。第三，还有学者重新思考了"框架"这一概念。例如，赞格威尔将"框架"看作不同自然物的组合，他认为各种组合本身就是客观存在的，我们并

[1] Ronald Hepburn, Contemporary Aesthetics and the Neglect of Natural Beauty, in Allen Carlson & Arnold Berleant, eds. *The Aesthetics of Natural Environments*, Peterborough: Broadview Press, 2004, p. 46.

[2] See Allen Carlson, *Aesthetics and the Environment: The Appreciation of Nature, Art and Architecture*, London & New York: Routledge Press, 2000, pp. 32~38.

[3] See Donald W. Crawford, Scenery and the Aesthetics of Nature, in Allen Carlson & Arnold Berleant, eds. *The Aesthetics of Natural Environments*, Peterborough: Broadview Press, 2004, p. 257.

非为不同的自然物创造了一个框架，而是从其客观具有的各种框架中选择了一个。因此，如果自然物本身具有审美特性，它与同样具有审美特性的其他自然物所组成的一个整体，也就是框架内的一个整体，同样具有审美特性。❶因此，环境审美的关键并非框架是否存在，或框架是否具有主观性的问题，而是自然物本身是否具有审美特性的问题。

以上，关于环境框架问题的诸多论述实际上依旧在艺术审美的体系内，我们不妨换个角度，在人（身体）与环境相连续的基础上考察框架问题。框架本质上是分离事物的界限，但人与环境、对象与其环境之间实际上并无明确的界限。杜威受达尔文进化论的影响，从"活的生物"的生存层面强调生命与环境的相互作用，我们的皮肤并不是身体与环境之间的界限，而是与环境相互作用的通道。而坚持科学认知主义的卡尔松认为："自然物体与环境有着所谓有机整体性关联：这些对象是环境的一个部分，而且通过环境营造的推动力，发展了它们某些环境要素。因而创造它们的环境在美学上与其密切相关。"❷ 二者的论述似乎存在某种相似之处，即都在科学知识的基础上关注人或某个自然物与其环境在长久的自然进程中的联结。这正是环境美学中科学认知主义一派的核心观念，即通过科学知识干预或指导环境审美。例如，对于人们从前无法欣赏的沼泽，若从其有益于整个生态系统和谐稳定的生态学角度来看，那也是美的。由此可见，关于环境的无框性，或者说人或自然物与其所处环境无法分离的特性，统而论之即人或自然物与其环境的"连续性"，存在一种认知的进路。而如前文所述，伯林特的"连续性"理论是一种现象学的进路，他认为卡尔松所强调的科学知识仅在提高人的审美感受力上起作用。❸ 因此，在伯林特这里，科学知识只是"身体化"地参与统一的审美体验的形成。

---

❶ See Nick Zangwill, Formal Natural Beauty, *Proceedings of the Aristotelian Society*, 2001, 101（1），pp. 209~224.

❷ ［加］艾伦·卡尔松：《自然与景观》，陈李波译，湖南科学技术出版社 2006 年版，第 26 页。

❸ 参见胡友峰："生态美学理论建构的若干基础问题"，载《南京社会科学》2019 年第 4 期，第 128 页。

进而，在人或自然物与其环境相连续的基础上，"我们欣赏的环境对象并不像传统艺术品一样是'被框定的'，在时间上不像戏剧或音乐作品，在空间上不像绘画或雕塑"❶。在环境审美中，二者相互作用，环境的"无框性"即是二者相互作用的产物。伯林特在描述一种参与性的环境特征时指出："弯道是诱人的：它们吸引步行者向前去看看拐弯处有什么。类似地，一条上升的路径可能会邀请步行者向上攀爬至顶点。"❷ 伯林特将环境的这种特征称作"邀请性特征"（invitational features），而环境的"无框性"即是其"邀请性特征"之一。他认为："这些邀请性特征不像物理对象传统的基本性质，即它们固有的，如质量、重量和形状。它们更像是对象的第二性质，如颜色或气味，它们激发了观赏者的某些特定的感知反应。这些特征既不是来自对象也不是源自意识，而是感知意识能够接受并做出反应的特质。它们只出现在亲密的交互作用中，这种交互作用便是审美参与的核心。"❸ 因此，环境的"无框性"存在于欣赏者与环境的连续中，人与环境是交互作用的，只有欣赏者进入环境并与其互动，这种"无框性"才得以实现并有助于环境审美。

如前文所述，在空间的维度上，如果事物的不同部分（或不同事物）之间是连续的，那么相连续的事物在空间上会形成一个统一的整体。在最宽泛的意义上讲，即便不能形成一个完全没有间隙的连续的实体，相连续的各部分至少也应具有某种统一性和完整性。同样地，人（身体）与环境的连续也具有整体性，伯林特的"环境场"即鲜明地呈现了这一点。而这个整体的形成在最基本的层面上意味着人或身体的在场，柏林特就从现象学的角度将身体作为环境感知的原点。

---

❶ Allen Carlson, *Aesthetics and the Environment*：*The Appreciation of Nature*，*Art and Architecture*，London & New York：Routledge Press，2000，p. XIII.

❷ Arnold Berleant, *Aesthetics and Environment*：*Variations on a Theme*，London & New York：Routledge Press，2005，p. 12.

❸ Arnold Berleant, *Aesthetics and Environment*：*Variations on a Theme*，London & New York：Routledge Press，2005，p. 13.

需要强调的是，无论是物理的时空还是感知的时空，时间与空间都是不可分的，作为审美对象的"环境"以及环境审美经验都是在统一的时空中生成的。但为论述方便，我们分别分析了环境及环境审美的时间性与空间性，在这两个维度下，人与环境的"连续性"是一致的，而二者对环境审美的要求也是统一的，如卡尔松所言，环境的"无框性"实际上不仅指空间上的无限延伸，若进一步拓展，还可以指时间上的不受限制。

第三节　"连续性"思想与西方环境美学的"过程"面向

如前文所述，"连续性"是一个过程性的思维方式，环境是动态变化的，而人与环境的"连续性"需要我们尤其注重环境审美的过程，而非最终的意义或结果，简言之，过程即审美，审美即过程。我们欣赏环境不是为了揭示其背后的世界构成或隐喻意义，这由哲学负责，欣赏环境只是全身心投入欣赏的过程，单纯地去感受、去体验。而至于我们在其间或者最后获得的是感官上的愉悦，还是思维上的驰骋，抑或是真的在这个过程中认识了自我，或者参悟出人生在世的终极意义等，这些会因人而异，并不是必要的，也不是最重要的，重要的是我们参与了环境某个流变的过程，并在这个过程中有了不同寻常的、独一无二的体验。这并非提倡环境审美的相对主义或主观主义，只是环境审美的关键是伴随着环境变化与欣赏者参与的审美过程。不同于传统的艺术欣赏，环境欣赏的过程性尤为突出。

随着人类文明的演进，人类生活的各个方面都在向着精细化方向发展。自美学诞生以来，或者在此之前自美学思想产生以来，人们便不遗余力地研究各种相关的范畴，我们的本意是更好地了解它，而发展至今，古往今来无数的美学思想杂糅交织，我们反而越来越看不清它。就像伯林特的"连续性"思想所试图表达的，一直以来，人们关注于世界的构成和结构，而不是其联系和"连续性"，也即关注其细部或内部，而不是其整体和外部。因而，对于包罗万象、丰富多变的环境，我们的审美方式也应该更具有包容性。如赵奎英所说："当今中西方的审美概念都正在经历着一种由自律性向更具有开放性、包容性也更加宽泛化的审美概念的演进。"❶ 这是一个与时俱进、顺应美学自身发展规律的现象。而一种具有包容性的环境审美恰恰是注重个体审美过程的审美，注重个体多元丰富的体验过程，而不只是确立某种固定的欣赏模式和审美结果或审美的实际效用。

那么在具体的审美情境中，怎样更多地去关注审美过程并享受审美过程？我们不妨以伯林特阐释"描述美学"时所列举的一个范例为依托进一步分析。这篇游记叫作《泛舟班塔姆河》，在简要介绍泛舟背景后，游记作者写道："把车停在靠近河边的地方后，我将独木舟举在头顶，沿着一条蜿蜒的小路，来到河边。当我走下河岸准备安放小船时，我感到我正在进入一个不同事物之间的关口，它是变化发生的临界点，此时水的透明与流动将要取代土地的不透明与坚固，改变着我对重力与平衡的感觉。"❷ 这里的"临界点"至关重要，它是审美欣赏的起点，也就是环境审美过程的起点，是时间、空间与运动交汇后出现的一个特殊的节点。正是在这个节点处，欣赏者感受到了变化，知道有什么事情将要发生，从而开启了自身审美体验的"闸门"。当然，这个节点处于连续的时空及运动变化之中，或许不容易清晰地辨别，但并非不能辨别。人与环境的"连续性"意味着二者相互影响并相互作用，当这种影响与作用发生某种质变，从而将二者的关系从日常活动引向审美活动时，不仅环境做好了相应的准备，人也同样做好了欣赏的准备。因而，在具体的环境审美情境中，首先要敏锐地意识到这个临界点，从而为进一步跨越这个临界点并真正进入审美过程做好准备。俗话讲，好的开始是成功的一半，是否能敏锐地捕捉到这个临界点，在一定程度上决定了欣赏者能否迅速地进入审美情境，能否充分地调动起

---

❶ 赵奎英："论自然生态审美的三大观念转变"，载《文学评论》2016 年第 1 期，第 146 页。
❷ Arnold Berleant, *The Aesthetics of Environment*, Philadelphia: Temple University Press, 1992, p. 30.

所有的感官，以及其能在多大程度上挖掘出环境的审美价值。

接下来，游记的作者开始顺水泛舟，他写道：

> 我慢慢地顺水荡漾，穿过一座小桥，这时碰见一株光秃秃的灰树桩，看得出它曾经是棵大树，日晒雨淋后只剩下残骸，活像一位哨兵，守候在灰胡桃溪与班塔姆河的交汇处。此时，我处于另一种状态，拥有了另一种新体验：身体蜷缩，膝盖紧紧贴着船身，手代替了腿来推动船前进。我还注意到，原先遮蔽天空的树丛渐行渐远，明亮的天空显露出来，沿着这条三维之路前进的是与河床平行的树林。从河中心望过去，青草、灌木和芦苇组成一个巨大的轻柔的圆圈，包围着同样轻柔的河面。❶

这一段生动地呈现了作者的审美过程。笔者以为，我们不妨以一种统计学思路，以词语为单位拆解这个审美过程，从而更清晰地了解这个审美过程的构成要素。作者的审美体验过程如图1所示：

```
欣赏者
● 我的运动
荡漾→穿过→碰见→蜷缩→贴着→推动
● 我的感官感觉
小→光秃秃、灰→新→紧紧→遮蔽、渐远→明亮、显露→平行→巨大的、轻柔的
```

```
➤ 我产生联想：哨兵
➤ 我的状态改变，有了新体验
➤ 我注意到景物间的互动
```

```
环境
● 景物的变化
水→水桥→树桩→树丛→天空→树林→青草、灌木和芦苇
● 景物之间的互动
天空与树丛→河床与树林→圆圈与河面
```

图1　作者的审美体验过程

---

❶ ［美］阿诺德·伯林特：《环境美学》，张敏、周雨译，湖南科学技术出版社2006年版，第30页。

根据上图，我们可以清晰地看到，在这一审美过程中，首先，"我"在不断地移动或运动，伴随着我的运动，环境也在相应地变化。这种变化包括由位置改变而引起的事物变化以及不同景物之间的互动。其次，环境的变化又反过来引发了我的感觉的变化、"我"的联想，以及整体体验的变化。在这一过程中，欣赏者与环境的相互影响是十分明显的，而这种相互影响伴随着运动与时间的推进以及由此而引发的空间的变换。

此外，由于环境审美是一个动态变化的过程，因此从另一个角度而言，这也意味着一个个连续的当下构成了完整的审美过程，那么每一个当下就变得尤其特别而重要。在上面的例子中，实际上人对环境的影响与作用并不是很突出，当然这与主体所处的环境有关。但抛开环境这一客观条件的限制不谈，人作为欣赏者在环境中有着相对较强的能动性，人可以积极地与环境互动，从而在一定程度上影响甚至改变环境，由此产生与众不同的审美体验。并且，人与环境的"连续性"在更深刻的层面上讲，也正在于这种互动与相互作用。因此，人与环境的"连续性"意味着在环境审美中，我们首先要尽可能地运动而非静止，与此同时要与环境积极地互动，并敏锐地注意当下的环境与自身体验的变化。

第四节　认知因素与非认知因素互补

可以说，随着西方环境美学的不断发展，面临认知阵营与非认知阵营的分裂，环境美学的发展趋向必定是实现认知因素与非认知因素的统一。这一趋向在摩尔、罗尔斯顿、布雷迪等学者那里已见端倪。如前文所述，摩尔提出了融合科学知识与想象的"融合模式"；罗尔斯顿强调科学知识与身体参与同样重要；布雷迪倡导一种综合了想象、情感、知识和多感官参与的"整合模式"。由于感知、情感等非认知因素参与审美一直以来都是人们对审美活动的惯常认识，因此把非认知因素纳入环境美学并不困难，困难的地方在于，如何为作为认知要素的科学知识在审美活动中寻找一个恰当位置，并使其与非认知因素相协调。因而，问题的关键在于通过怎样的路径去整合两种因素，这必然会涉及审美经验形成的深层机制。对此，我们通过分析伯林特的理论并回望18世纪的美学思想，或许能够获得启发。

伯林特作为与卡尔松相对的非认知主义一派，按理说其应该反对科学知识在自然审美中的运用，实则不然。他并不反对知识本身，只是反对卡尔松将知识引入自然审美的路径，知识在伯林特的审美理论中自有其位置。对此，还要从他的自然观讲起。

"自然"在卡尔松那里指向作为物质实体的环境自然，许多当代自然美学家都与卡尔松一致，但也有例外。摩尔的自然美学采用了相当宽泛的自然观，更大程度地涵盖了非人造世界，他讲道："在我看来，不仅仅跳跃的鲑鱼是自然的，鲑鱼表面闪烁的光，它的鳞片上的细小的特征，照耀着跳跃着的鲑鱼的遥远恒星，以及其他一切并非我们精心制造的东西，皆是自然的。灰尘、彩虹、大角星、一个微笑，只有在电子显微镜下才能观察到的和谐的粒子……"❶ 相比摩尔，伯林特又进一步拓展了"自然"的含义，他认为自然是一个人与万物相连续的统一体。他批评了传统的人与自然相分离的观念，这种观念要么将二者看作对立的，要么即便不对立也从根本上是不同的。而将人看作自然一部分的统一自然观在伯林特看来也是不够的，他追求人与自然最高程度的统一与连续，认为自然之外并无一物，从而取消了人与自然的区分。在他看来，"这里的自然涵盖一切，它们都遵循同样的存在标准，呈现同样的过程，体现同样的科学原则，并唤起同样的惊奇、沮丧之情"❷。我们从伯林特的自然观可以窥见他想建立一种普适性审美理论的野心。从伯林特早期的"审美场"理论开始，他就试图建构一种既适于传统艺术也适于当代艺术的美学理论，进而从艺术美学扩展到

---

❶ Ronald Moore, *Natural Beauty: A Theory of Aesthetics Beyond the Arts*, Peterborough: Broadview Press, 2008, p. 12.

❷ Arnold Berleant, *The Aesthetics of Environment*, Philadelphia: Temple University Press, 1992, p. 8.

环境美学，再到社会美学，他的审美理论极具综合性与统一性。因此，虽然在传统自然美学的视界下，伯林特并没有专门的被称作"自然美学"的理论，但传统的"自然"以及当代的"自然环境"作为审美对象均已包含在他的审美理论中。

我们在前文讲到，伯林特的审美理论能够将作为审美要素的科学知识包含在内，因为他将审美感知置于审美经验的核心地位。一方面，审美依赖于感官感知，这里的感官包含视觉、听觉、嗅觉、触觉和动觉等全部的身体感官，并且诸感官感觉是相互交融而连续的，即形成联觉或通感；另一方面，除了感官感知，个人的记忆、信仰、价值观念等也会"身体化"（embodiment）❶为审美感知的一部分，并与其中的感官感知相融合，它们与感官感知同样具有"连续性"。科学知识正是通过"身体化"为审美感知的一部分而进入审美经验。正如伯林特所言："当我遇到裸露的地层、从地面涌出的泉水、飘落的雪花，或锋面经过时不停歇的风，科学知识可能会增强我的感官意识。"❷因而，伯林特并不排斥知识，知识本身也可成为促成审美经验的重要因素，但他这一路径与卡尔松的观点有两点明显不同。

其一，对于伯林特而言，知识在自然审美中的作用并不具有普遍必然性，在其早期"审美场"理论的基础上，伯林特强调审美过程中诸种要素的平等与相互作用，并强调应去除主客体的二分，主张主客体的连续与交融，这从他拒绝使用"对象"一词便可见一斑。因而，知识作为一种审美要素与其他审美要素是平等的，并不具有优先性和更高的地位。❸对于卡

---

❶ 伯林特认为没有独立自存的身体，如果有，那也只是抽象的身体概念。我们不能简单地谈论身体本身，只能谈论以不同方式存在于世界之中——在不同的物质环境、社会环境及历史文化环境中——的身体。因此，身体是语境性的、是环境的。以环境的立场探讨身体的一种方式就是放弃"身体"而使用"身体化"一词，后者比前者更可取的地方在于它含有"把身体带入"他或她的文化、社会、历史，以及个人体验的环境中的意味，即一个拥有多种意识与物质维度的环境。参见伯林特：《美学与环境——一个主题的多重变奏》，程相占、宋艳霞译，河南大学出版社 2013 年版，第 107～108 页。

❷ Arnold Berleant, *The Aesthetics of Environment*, Philadelphia: Temple University Press, 1992, p. 29.

❸ 关于连续性问题的具体论述，参见冯佳音："论西方环境美学中'连续性'问题的三个层次"，载《西南民族大学学报（人文社会科学版）》2020 年第 4 期；冯佳音、胡友峰："论以'连续性'为起点的环境审美"，载《内蒙古社会科学》2020 年第 5 期。

尔松而言，知识在自然审美中有着绝对的权威和优先性。斋藤百合子曾对卡尔松的科学认知主义进行改造，认为科学知识对自然欣赏的适用范围必须缩小，除此之外，当地传统、民间传说和神话也应在自然审美中发挥重要作用。❶ 卡尔松本是提倡去除人类中心主义，将自然当作自然而不是当作艺术去欣赏，但知识作为某一阶段人类智慧的产物，真的能让我们发现本真自然吗？当旧的知识被新的知识取代，曾经我们以为的自然以新的面貌示人时，我们又该如何言说"本真自然"？从这个意义上讲，又何谈去除人类中心主义？

其二，对于卡尔松而言，以艺术为类比的方式使他规避了对知识如何在自然审美中起作用这一问题的探讨；但对于伯林特而言，知识的作用较为明确，它要"身体化"为感知的一部分才能进入审美体验。也正是在这一意义上，伯林特对卡尔松将知识引入审美的路径提出了批判。他指出："虽然这种类比乍一看似乎是合理的，但实际上是错误的。艺术史知识的确能提高我们对艺术的欣赏，但它具有这样的作用不是通过为我们的感知体验增加认知内容，而是通过使我们对那些我们可能忽略或不理解的感知特征和细节更加敏感。"在此基础上，伯林特对知识自然审美相关性的总体态度呈现为："当科学知识使我们在与环境交互作用的过程中具有更强的感知力时，它就具有审美相关性并能提高审美欣赏。当生态学或其他科学信息通过拓展我们的感知意识和敏锐度来提高我们对自然的智性欣赏和赞美时，它就提供了具有审美意义的认知价值。"❷ 因此对伯林特而言，审美经验的核心是感知，科学知识只有在提高人们感知力的意义上才具有审美相关性。

在某种程度上，伯林特对感知核心地位的强调是对 18 世纪"美学"

---

❶ See Yuriko Saito, Appreciating Nature on Its Own Terms, in Allen Carlson & Arnold Berleant, eds. *The Aesthetics of Natural Environments*, Peterborough：Broadview Press, 2004, p. 150.

❷ Arnold Berleant, Some Questions for Ecological Aesthetics, *Environmental Philosophy*, 2016, 13 (1), pp. 123~135.

诞生之初的回归。鲍姆嘉通最初为美学定名时，即强调它是感性认识的科学。正如伯林特所言："鲍姆嘉通借用了希腊语 aisthēsis 一词，其字面含义是'通过感官获得的感知'。……康德在 18 世纪晚期为完成其哲学体系转向了美学，从而为现代西方美学奠定基础，至今仍具有主导性的影响。这一美学传统的关键洞察在于，审美欣赏是建立在感官感知之上的。"❶ 虽然鲍姆嘉通仍然将认知与审美混为一谈，但康德严格区分了认知判断与审美判断，在这一点上，伯林特与康德具有一致性。此外，康德虽然为审美判断划定了先验原理，但他仍然在经验领域为概念留有余地，而伯林特虽然被列入非认知主义阵营，但他也并不排斥知识；康德在先验层面确立了审美判断的机制，而伯林特则在经验层面确立了审美经验形成的机制，在厘清审美活动结构的意义上，二者殊途同归。

从认知与审美的严格区分开始，康德与伯林特为审美划定了清晰的边界并分别建立了先验结构与经验结构，在此基础上，关于知识是否具有及怎样才能具有审美相关性这一问题，其答案就一目了然了。相应地，对于卡尔松没能解决的自然与艺术相类比的合法性问题，在伯林特这里同样得到了解决。从"审美场"理论到参与美学，伯林特为传统艺术与当代艺术、自然与环境划定了一个统一的审美结构，或者说伯林特强化了主体的审美感知而淡化了客体的审美特性，从而能在更大程度上涵盖不同种类的审美对象，能够同时囊括自然与艺术。

另外，伯林特给了我们一个重要启示：没有哪种因素在自然审美中具有绝对权威，人类的审美经验具有综合性与统一性。伯林特认为："感知空间的各种通道从来就不是单一的，甚至也不是多元的；它们只能在稍后的反思中被分离和识别。"❷ 因此，在现实的审美情境中，包括知识在内的诸多审美要素并不是单一地在起作用，甚至也不是多元地在起作用，因为多

---

❶ Arnold Berleant, Some Questions for Ecological Aesthetics, *Environmental Philosophy*, 2016, 13 (1), pp. 123~135.

❷ Arnold Berleant, *Art and Engagement*, Philadelphia: Temple University Press, 1991, p. 94.

元依旧意味着彼此的区分,而它们是不分彼此并相互交融的。

实际上,在认知主义与非认知主义之外,很多当代自然美学家都提倡认知因素与非认知因素的融合。例如,福斯特强调自然审美经验中的"环绕"(ambient)维度与"叙述"(narrative)❶维度都是不可或缺的;摩尔的"融合美学"(Syncretic Aesthetics)❷融合了知识与想象;罗尔斯顿在捍卫科学知识的同时,也指出了介入式参与、崇高与宗教体验的重要作用❸。艾米莉·布雷迪提出"整合模式"(integrated model)❹,强调环境欣赏的多感官参与以及想象、情感和知识的综合。卡尔松本人也并不反对认知与非认知因素的融合,他指出:

> 这两种途径都有一定的优势与劣势。然而,近期的环境美学,尤其是日常生活与人类环境美学领域表明,尽管两种途径强调的重点不同,它们却没有直接的冲突,当它们将严肃的审美体验的核心——情感(feeling)与认知(knowing)——结合在一起,从而在对世界上更大范围的不同的环境进行审美欣赏,进而获得审美体验时,这将表明这种欣赏多么有益。❺

因此,无论科学知识在自然审美中是直接还是间接地起作用,其与其他因素的协作都是必不可少的。

但如果从融合的程度来看,伯林特的理论显然呈现了审美要素最高限

❶ See Cheryl Foster, The Narrative and the Ambient in Environmental Aesthetics, *The Journal of Aesthetics and Art Criticism*, 1998, 56 (2), pp. 127~137. "环绕"维度即非认知维度,"叙述"维度即认知维度。

❷ See Ronald Moore, *Natural Beauty: A Theory of Aesthetics Beyond the Arts*, Peterborough: Broadview Press, 2008, pp. 32~36.

❸ See Holmes Rolston Ⅲ., The Aesthetic Experience of Forests, *The Journal of Aesthetics and Art Criticism*, 1998, 56 (2), pp. 57~166.

❹ See Emily Brady, *Aesthetics of the Natural Environment*, Edinburgh: Edinburgh University Press, 2003, p. 120.

❺ Allen Carlson, Article Summary of Environmental aesthetics, *Routledge Encyclopedia of Philosophy*, 2011. https://www.rep.routledge.com/articles/thematic/environmental-aesthetics/v-2.

度的、不分彼此的融合，与此同时更大程度地涵盖了更多的审美要素。当然，问题也正在于此，过强的综合性与包容性使审美经验的形成机制过于泛化。因此，卡尔松认为伯林特"未能就如何审美地欣赏自然提供确定答案"❶。从这一意义上讲，伯林特的审美理论是解释性的，他告诉我们科学知识等要素为什么能够参与自然审美活动，而无意教导我们如何去欣赏自然。

实际上，学界将伯林特划入非认知阵营，主要是因为他将"感知"作为审美经验的主要来源。但事实上，如前文所述，"感知"并不只是我们通常所理解的感官知觉，在伯林特那里它有着丰富而复杂的来源。它不仅包括生理上的感官知觉，还包括社会文化因素"身体化"而形成的"感知"，因而其既涵盖了认知因素也涵盖了非认知因素。因此，我们或许可以循着伯林特的思想路线，确定一个相对平衡且具有包容性的范围，就像赫伯恩最开始提到的"集合"❷，这个集合内的环境审美方式都是可行的，而不是一定要找到一种恰当的审美模式，或者确定一个唯一的平衡点。

那么，接下来我们就要确定这个集合中元素的共同特征。伯林特给我们的启示主要有两点。首先，以"连续性"为指导原则，它既是思想基础又是行动指南。因为从宏观角度而言，人与世界的"连续性"让我们认识到人类并不是中心，人类的各种活动包括审美活动在内都要在各种因素的联系与综合作用下，在一种"过程性"的关系中才能实现，这是世界的基本运行规律，而人类作为其中的一员无论何时都需要遵守。从微观角度而言，身体与环境的"连续性"在以身体为原点的审美欣赏中，是无法改变的事实，而身体的在场，就意味着认知因素与非认知因素的潜在在场，这是两种因素相结合的合法路径。其次，以审美经验为逻辑原点，而不是首

---

❶ Allen Carlson, *Nature and Landscape*: *An Introduction to Environmental Aesthetics*. New York: Columbia University Press, 2009, p. 31.

❷ ［英］罗纳德·赫伯恩："当代美学与自然美的忽视"，李莉译，程相占校，载《山东社会科学》2016 年第 9 期，第 11 页。

先将自然与艺术分立，或者将自然物与人造物分立，如卡尔松的理路是在二者的对比中寻找"欣赏什么以及如何欣赏"。毕竟，在审美活动中，审美经验，以及审美经验与日常生活经验的"连续性"是根本性的，无论自然审美与艺术审美有怎样的区别，二者的审美结构或审美经验的形成机制都应有基本的共性。当然，寻找环境审美与艺术审美内在的相似性或者一般性的审美结构也是"连续性"原则的必然要求。这就涉及另一个重要问题，即环境审美与艺术审美的联系与区分问题。

我们知道，论证科学知识运用于自然审美的合法性是卡尔松的重要课题。通过与艺术审美进行类比，卡尔松借鉴了沃尔顿（Kendall Walton）的艺术范畴理论完成了这一论证。沃尔顿认为，艺术品在不同的艺术范畴下会呈现不同的欣赏效果，唯有正确的范畴才能使我们作出恰当的审美判断，由此他将艺术审美引向了艺术史、艺术实践等知识。❶ 卡尔松认为，自然审美可以以此为类比，自然审美也需要常识或科学知识，尤其是地理学、生物学和生态学的知识，从而以此实现恰当的自然审美欣赏。但是这一类比存在两个明显漏洞：其一，沃尔顿的艺术范畴理论本身存在问题；其二，自然审美与艺术审美可类比的合法性并未说明。

首先，艺术范畴理论本身存在两个问题。第一，它在艺术审美中并不具有普遍适用性，这里的适用性既指向艺术对象也指向欣赏者。彭锋指出："在欣赏那些普通人不容易理解的现代艺术时，没有相关知识的确不可能有恰当的欣赏；但在欣赏一些明显具有美感的前现代作品或者通俗作品时，可能更需要的不是一种旁观的考察，而是一种积极的投入，这时更多地考虑知识上的细节反而会影响审美经验的纯度和强度。"❷ 因此，艺术范畴理论并不适用于前现代艺术或通俗艺术。此外，艺术范畴理论有鲜明的精英主义色彩，并不适合大部分普通人即如宗白华所讲的"常人"，常人不具

---

❶ See Kendall Walton, Categories of Art, *The Philosophical Review*, 1970, 79（3）, pp. 334～367.
❷ 彭锋：《完美的自然——当代环境美学的哲学基础》，北京大学出版社 2005 年版，第 130 页。

备艺术理论的知识，他们欣赏艺术时更关注其中切合自身生命体验的活泼强烈的生命表现，但他们的立场却并不等于“外行”、也并不一定肤浅。❶而且，如果说艺术的欣赏者主要不是常人，那么自然的欣赏者则包含了更多的常人，因此，艺术范畴理论的适用范围是有限的。那么，此种有限性能否在自然审美中消除？对此，科学认知主义一派并未论证。第二，运用相关范畴去解读艺术品的活动究竟是不是审美活动，或者是否纯正的审美活动，这一点引发了诸多争论，这与科学知识运用于自然审美后出现的情况如出一辙。

其次，自然审美与艺术审美可类比的合法性未得到科学认知主义一派的清晰论证。第一，就审美对象的可类比性而言，我们知道艺术品与自然物有一个根本区别，前者是人造物而后者不是，恰当的艺术范畴自艺术产生时就由艺术家与社会共同决定了。暂且不论是否能为特定自然物选取所谓的“恰当”的科学知识范畴，关于自然的科学知识本就是人类在特定阶段的认识结果，必定有其限度，“对不变的、确定的、普遍的科学知识的追求在根本上远离了环境审美和环境伦理”❷。第二，就自然审美结构与艺术审美结构的可类比性而言，卡尔松认为：“如果我们不将自然审美与艺术审美看作相似的，那么我们就不得不面对一个两难：要么对艺术的欣赏是审美的，而相似的对自然的欣赏却不是审美的；要么尽管它们都是审美的，但在本质上或结构上依然不同。”❸也就是说，这一两难意味着要么自然审美不具有可能性，要么即便自然审美可能，也会导致自然审美与艺术审美的结构不同的悖论。这里依然存在在何种层面言说的问题，艺术审美与自然审美均是人类的审美活动，二者必然在根本的审美结构上具有一致性，但同时也必定具有各自的特殊性。卡尔松的逻辑理路意味着艺术范畴或科

---

❶ 参见宗白华：《艺境》，北京大学出版社 1987 年版，第 166～169 页。
❷ 李如："环境哲学中科学认知主义的真美善统一问题"，载《自然辩证法研究》2023 年第 7 期，第 24 页。
❸ Allen Carlson, *Aesthetics and the Environment：The Appreciation of Nature, Art and Architecture*, London & New York：Routledge, 2000, p. 90.

学知识的参与是人类审美结构的根本，这显然需要斟酌，因为艺术范畴与科学知识并不必然地参与艺术审美和自然审美。

这一类比的起点如彭锋所言："他采取了一种简便的处理方法：我们可以不知道审美经验在本质上究竟是什么，但我们可以有审美经验的榜样，即典型的对艺术的欣赏经验。"❶ 因而，卡尔松关注的重点始终是"欣赏什么以及如何欣赏"，自然审美结构或审美经验形成的内在机制从不在他的考虑范围内，他只是假定了自然审美与艺术审美得以类比的前提。卡尔松的这种处理方法本身没有问题，问题在于他没有充分证明作出这一假定的合法性和必要性。

卡尔松这一类比路径的悖论还在于，其起点是对自然审美与艺术审美的区分❷，意在使自然审美摆脱艺术审美的长期束缚，如其所是地欣赏自然本身，然而其终点却是借鉴了艺术审美的范畴论。与此不同，随着当代西方自然美学的发展，许多学者开始正视艺术审美对自然审美的重要影响。例如，摩尔认为，我们可以利用在艺术中所获得的联想物、类比物等去欣赏自然，这并非将其强加给自然，而只是充分利用从艺术审美中发展而来或习得的感受力。❸ 因此，包括卡尔松在内的许多美学家实际上放大了艺术与自然的区分，并忽视了人类感知的复杂性、综合性与整体性。

事实上，在17世纪末18世纪初，当自然景物在艺术作品中从背景走向台前时，自然审美与艺术审美的区分并不像当代美学那样严格，这从"如画"理论的兴起和风景画的流行中可见一斑。前者将艺术引入自然审美，而后者将自然引入艺术审美。艾迪生（Joseph Addison）以更综合的立

---

❶ 彭锋：《完美的自然——当代环境美学的哲学基础》，北京大学出版社2005年版，第119页。

❷ 可以说，不仅卡尔松的理论如此，当代西方自然美学和环境美学兴起的逻辑起点就在于自然与艺术的区分。长期以来，由于美学几乎等同于艺术哲学，自然要么被看作不能欣赏的对象，要么被当作艺术品去欣赏（例如"如画"理论），因此重建自然美学必然意味着要打破此前的审美方式并建立自然自主的新的审美方式，卡尔松以艺术范畴论为类比所建构的自然审美模式可谓"成也萧何，败也萧何"。

❸ See Ronald Moore, *Natural Beauty: A Theory of Aesthetics Beyond the Arts*, Peterborough: Broadview Press, 2008, p. 36.

场强调自然与艺术要彼此肖似、相互补充。他援引过贺拉斯的名言"这两者互相协助,彼此和谐",虽然他认为就想象的快感而言,艺术远不如自然,但也指出"自然景物愈象艺术品则愈可喜;因为设使如此,我们的快感就来自两个根源:由于景色悦目,也由于它们肖似其它东西"❶,而与此同时,"假如说,自然景物愈象艺术品,其价值就愈高;那末,我们可以断言,人工作品由于肖似自然景物而获得更大的优点;因为这样就不但它的相似的形象可喜,而且它的样式也更为美满"。❷ 因而,自然与艺术并非不具有类比的可能性,二者能否在一定程度上统一,关键在于我们所探讨的审美结构能在多大程度或于哪一层面上同时涵盖二者。对此,我们能在康德美学中得到更多启发。

在康德美学视角下,虽然艺术家在创造艺术品时总会有各种意图和目的,但在纯粹的审美判断中,艺术审美一定是遵循着审美判断的先验原理而与概念和目的无涉。因此,一旦对某件艺术品的审美判断发生了,那么这就意味着这一审美活动必定无关概念与目的;而一旦我们有了对艺术家目的和意图或者艺术品本身规则的考量,那么这件艺术品就并未进入审美活动。如文哲(Christian Helmut Wenzel)所言:"一方面,当我们默思与了解一件艺术作品时我们知道有这些规则;另一方面,我们之所以喜欢一件艺术品是不受任何这类规则所限制的。"❸ 这就回应了我们上文探讨过的内容,归根结底,康德通过划定认知判断与审美判断的先验原理对二者作出了严格区分,因而了解一件艺术品与审美地欣赏一件艺术品是根本不同的两种活动。进而,虽然艺术审美看起来充满矛盾,即艺术品自身充满了规则和艺术家赋予的意图与目的,但艺术审美又不能渗入这些规则与目的,然而艺术与自然却能在审美上实现统一,这种统一不仅表现在二者遵循共同的先验原理,还具体表现为二者在审美中彼此相似。康德讲道:"艺术只

---

❶ 章安琪编订:《缪灵珠美学译文集》(第二卷),中国人民大学出版社 1987 年版,第 44 页。
❷ 章安琪编订:《缪灵珠美学译文集》(第二卷),中国人民大学出版社 1987 年版,第 43~44 页。
❸ 〔德〕文哲:《康德美学》,李淳玲译,联经出版事业股份有限公司 2011 年版,第 124 页。

有当我们意识到它是艺术而在我们看来它却又像是自然之时，才能被称为美的。"❶ 那么，为何我们还要"意知其为艺术"呢？因为二者的统一性不仅在于艺术看起来像自然，还在于自然看起来要像艺术。康德认为："自然是美的，如果它看上去同时像是艺术。"❷ 也就是说，只有当自然像艺术一样有某种目的时，自然才是美的。

相比艾迪生，康德对自然与艺术的统一更加严密，因为他为审美判断划定了一套系统完整的先验原理。由此看来，卡尔松预先假定了自然审美与艺术审美具有相同的审美结构在某种程度上确实是一个不错的选择，问题在于他并未探讨这一审美结构究竟何如，因而对艺术与自然的类比终究缺乏说服力。当然，卡尔松毕竟是在经验层面探讨自然审美，先验原理及形而上学思考本就不在包括卡尔松在内的诸多自然美学家的研究视域内。

另外，如果说伯林特的理论是解释性的，那么以卡尔松为代表的科学认知主义一派的理论则是规定性的，我们不妨看看他们曾举过的一些典型例子。赫伯恩❸讲道，一片"广阔的沙泥"可能看起来有不同的审美特性——"一种狂野的、令人愉悦的空旷（emptiness）"，抑或"一种令人不安的怪异（weirdness）"——这取决于它被视为海滩还是潮汐盆地。❹ 卡尔松指出，鲲鲸是一种优雅而巨大的哺乳动物，然而，如果把它当作一条鱼来看，它就会显得更加笨拙，有点傻气，甚至可能有点笨手笨脚（也许有点像姥鲨）。❺ 这些例子乍一看似乎不无道理，然而细究之下却隐藏着致命的问题：它意味着对于某一特定的自然物而言，存在唯一正确或恰当的

❶ ［德］康德：《判断力批判》，邓晓芒译，人民出版社 2002 年版，第 149 页。

❷ ［德］康德：《判断力批判》，邓晓芒译，人民出版社 2002 年版，第 149 页。

❸ 严格来讲，赫伯恩的理论是科学认知主义与非科学认知主义两大派别的源头，因而不能将其单纯地归结于其中任何一派。但他的理论兼具两派的特质，在此并不妨碍我们论证科学认知主义一派理论的现实性与可操作性。

❹ Ronald Hepburn, Aesthetic Appreciation of Nature, in Harold Osborne, ed. *Aesthetics in the Modern World*, London：Thames and Hudson, 1968, p. 55.

❺ See Allen Carlson, *Aesthetics and the Environment：The Appreciation of Nature, Art and Architecture*, London & New York：Routledge, 2000, p. 90.

范畴去欣赏它,这就造成了排他性。如巴德所言,这些范畴并非互不相容。❶尽管我们认为科学知识具有精确性和排他性,如果某一生物是哺乳动物,那么它就不可能是鱼,但就人类的审美活动而言,把它看作鱼同样能产生特定的审美效果。从这个角度而言,科学知识参与自然审美活动产生了明显的悖论,因为科学知识的引入旨在去除人类中心主义、实现自然审美的客观性,然而此种排他性却造成了另一个戴着客观性面具的"中心"。

因此,伦理考量对于自然审美而言看似无足轻重,实则起着更加隐秘而基础的决定性作用。然而,对于去除人类中心主义目标的实现而言,限制自然审美自由既不充分也不必要。从卡尔松与伯林特二者的审美理论即可见出,前者高扬科学知识的重要性,限制了审美自由,反而建构了另一个中心;后者以身体化理论为科学知识在内的诸多要素留下充足空间,为自然审美留下极大自由的同时,却在主客体合一的维度上最大限度地去除了人类中心主义。费舍尔在探究自然声音审美时强调,自然声音本身是复杂多元的,我们的倾听方式又有"联想的""具象的""隐喻的""类比的"等多种方式。❷因此自然审美应具有一定的自由,知识是促进审美经验形成的重要因素,但其在自然审美中的位置不应该是普遍必然或唯一的。无独有偶,巴德提出:"自由是自然审美欣赏不可或缺的部分,这种自由对自然审美欣赏者的意义要大于艺术审美欣赏者,自由是自然的独特审美吸引力之一。"❸毕竟自然作为审美对象与艺术有着根本不同,充足的审美自由不一定有益于欣赏艺术,却有益于让我们在面对广袤自然时充分探索自然之美。

---

❶ See Malcolm Budd, *The Aesthetic Appreciation of Nature*, Oxford: Oxford University Press, 2002, p. 138.

❷ See J. Andrew Fisher, What the Hills Are Alive With: In Defense of the Sounds of Nature, in Allen Carlson & Arnold Berleant, eds. *The Aesthetics of Natural Environments*, Peterborough: Broadview Press, 2004, pp. 237 ~ 245.

❸ Malcolm Budd, *The Aesthetic Appreciation of Nature*, Oxford: Oxford University Press, 2002, p. 148.

第六章

"连续性"思想与中西
生态（环境）美学的会通

从广义上讲，西方环境美学也是生态美学的一种形态，因为它倡导去除人类中心主义，在人与自然关系层面强调二者的平等与交融，这也是其"连续性"思想的应有之义。因而，国内诸多美学领域的学者在广义的维度上研究西方环境美学，例如，曾繁仁指出，生态美学"在西方包括欧陆现象学生态美学与英美分析美学之环境美学"❶，我们在前文讲到的伯林特的环境美学可归于前者，卡尔松的环境美学可归于后者。张法提出"生态型美学"❷用以概括环境美学、生态批评和景观学科三大流派，也就是说，虽然这些理论形态并未明确使用"生态美学"这一概念，而是命名为"环境美学""景观美学"等，但其思想内核却是生态的，因而可以"生态型"总括之。

虽然"生态美学"这一概念和相关学科是晚近的产物，但生态审美思想古已有之。在中国传统的生态审美思想中，"融贯性"思想典型地体现在"天人合一"的观念中，并就人与自然相融贯的方式和程度而言，具体呈现为"天人相通"与"天人相类"两种情形。相较"连续性"，"融贯性"这一概念更适合中国哲学和美学的语境，因为它更精确地描述了中国美学的特征。当然，也可以并用"连续性"这一概念去描述西方环境美学和中国传统生态审美思想，例如，杜维明指出："中国人本体论中的一个基调是相信存有的连续性，这种信仰对中国的哲学、宗教、认识论、美学及伦理学等各个领域产生了深远的影响。"❸进而，他指出中国人的宇宙论是有机体进程的理论，而这表明了三个基本的要点：连续性、完整性和动态性。他强调：

---

❶ 曾繁仁："跨文化研究视野中的中国'生生'美学"，载《东岳论丛》2020 年第 1 期，第 99 页。

❷ 张法：《西方当代美学史——现代、后现代、全球化的交响演进（1900 至今）》，北京师范大学出版社 2020 年版，第 527 页。

❸ ［美］杜维明："存有的连续性：中国人的自然观"，刘诺亚译，载《世界哲学》2004 年第 1 期，第 86 页。

所有从石头到天的形式的存在物都是被称为"大化"的一个完整的连续体中不可分割的组成部分。既然万物都在这个存有之链中，那它永远不会被打破。在宇宙中的任何一对事物之间总可以找到它们之间的连接点，它总在那里，这需要加以深入地分析和研究才能发现。❶

因而，用"连续性"描述中国传统的宇宙论也是清楚明了的，因为我们知道"连续性"在这样的语境下所表达的思想实质。虽然用什么概念去描述没那么关键，但若是概念本身的不同便能呈现思想实质的不同，那何不用它来区别？因而笔者在这里希望通过"连续性"与"融贯性"这两个概念本身的差异来呈现中国传统生态审美和西方环境美学思想实质的不同。

当然，诚如曾繁仁所讲：

环境美学的科学认知主义使得以"天人合一"为其文化模式的中国传统文化很难融入其中。我认为中国传统文化与环境美学还是有些隔膜的。中国传统社会作为农耕社会，靠天吃饭，所以生态美学具有某种原生性特点，儒释道各家均有丰富的成果，通过生态美学将之推向世界正当其时，使之与欧陆现象学生态美学与英美分析哲学之环境美学成三足鼎立之势。❷

中国传统生态审美思想和西方环境美学产生于不同的时代和历史语境，二者必定存在隔膜，而其中所蕴含的"连续性"与"融贯性"思想的可比性似乎也成问题。但若能借这两个概念从不同的侧面重新审视中国传统生

---

❶ ［美］杜维明："存有的连续性：中国人的自然观"，刘诺亚译，载《世界哲学》2004 年第 1 期，第 87~88 页。
❷ 曾繁仁："试论生态美学的学科定位及有关问题——兼答杜学敏有关生态美学的几点质询"，载《陕西师范大学学报（哲学社会科学版）》2023 年第 4 期，第 38 页。

态审美思想和西方环境美学,从更精细的角度看到二者的同中之异与异中之同,那也是有价值、有意义的工作。

第一节 中国传统生态审美的"融贯性"思想

一、"融贯性"思想的原初意涵与理论阐扬

中国古代早期对人与自然关系的处理在人与自然相联结的基础上走向了更深层的神道、人道与自然之道的融贯,方东美将其概括为"万有通神论"(All Interpenetrate with God),其不同于西方之处主要在于人与自然之间产生了更深刻的联结,方东美将其联结的方式和特色概括为"通","通"即感通,强调万物与神之旁通交感。这与"泛神论"(Pantheism)及"万有在神论"(Panentheism)有本质的区别,其关键就在于万物与神的关系。泛神论认为万物即神,重在"即";万有在神论认为万物在神之内,重在"在";万有通神论则重在"通",即《尚书》所谓:"光被四表,格于上下""格于上帝""格于文祖","格"即"祭告而感通"。❶ 因而,人与自然、与神虽也相区别,但绝非相隔绝,中国古代并不将自然万物单独抽出来去分析研究,"万有通神论"强调包括人在内的万物都能与神相感通。并且,这种"感通"不是由下向上单向度的,其还包括由上向下的向度,稍作引申即所谓"光被四表",因而是双向的、循环的。

因而,中国古代早期的"万有通神论"没有古希腊早期本质与现象或真理界与意见界之上下界的隔绝,也没有人与自然之内外界的区分和隔膜。如方东美所言,中国上古宗教蕴含着充满机体主义精神的宇宙观,不存在

---

❶ 方东美:《中国哲学精神及其发展(上)》,孙智燊译,中华书局2012年版,第85页。

现实世界与神灵界、人生界与客观自然界的隔绝，"盖人与自然同为一大神圣宏力所弥贯，故为二者所同具。神、人、自然，三者合一，形成不可分割之有机整体，虽有威权、尊严、实在、价值等程度之别，而毕竟一以贯之"。❶ 由此，中国古代"融贯性"思想之要义首先在于"通"，首先表现为上下界与内外界之贯通、畅达。正是在这个层面上，方东美指出，中国的形而上学不是超自然的形而上学，也不是超绝的形而上学，顶多算是超越的形而上学。❷ 也就是说，中国哲学也有上下界或内外界之分别，但这种分别是为理论方便，不是绝对的、现实的，各"界"之间更不是孤绝的。古希腊阿那克萨哥拉正式建立起的物质与精神之内外界的对立，自巴门尼德就开始酝酿的存在与非存在之上下界的对立，在中国古代是没有的。

从价值论层面来看，真、善与美也是相贯通的，尤其是善与美相贯通，这在先秦思想家的理论中相当鲜明。我们可以以孔子对音乐的探讨为例。《论语·八佾》曰："子谓《韶》，'尽美矣，又尽善也'。"❸ 美与善的统一是孔子对音乐的基本要求。对孔子而言，善又具体化为"仁"，因而他要求音乐要呈现美与仁的统一，如徐复观所言："既是尽美，便不会有如郑声之淫；因而在这种尽美中，当然会蕴有某种善的意味在里面；若许我作推测，可能是蕴有天地之义气的意味在里面。但这不是孔子的所谓'尽善'。孔子的所谓'尽善'，只能指仁的精神而言。"❹ 所以孔子又谓《武》"尽美矣，未尽善也"❺。《武》作为周武王之乐，既然是美的，那必然也是善的，只是此善并非孔子所推崇的"仁"。而《韶》乐作为舜乐，正体现了仁的精神，符合孔子对善的追求，所以，《论语》中记载："子在齐闻《韶》，三月不知肉味。曰：'不图为乐之至于斯也！'"❻

❶ 方东美：《中国哲学精神及其发展（上）》，孙智燊译，中华书局2012年版，第62页。
❷ 参见方东美：《原始儒家道家哲学》，中华书局2012年版，第19页。
❸ （宋）朱熹：《论语集注·八佾》，见《四书章句集注》，中华书局2011年版，第68页。
❹ 徐复观：《中国艺术精神》，广西师范大学出版社2007年版，第12页。
❺ （宋）朱熹：《论语集注·八佾》，见《四书章句集注》，中华书局2011年版，第68页。
❻ （宋）朱熹：《论语集注·述而》，见《四书章句集注》，中华书局2011年版，第93页。

先秦思想家对"真"的关注不多，后世思想家则有所发展。汉代王充的《论衡》即以"疾虚妄，求实诚"为基本原则，认为文艺作品只有"真"才能"美"。他强调"实诚在胸臆，文墨著竹帛，外内表里，自相副称"；其反对夸张的艺术手法，例如《诗经·大雅》中有"维周黎民，靡有孑遗"的诗句，王充认为这是夸张失实，不可能无人存活。与此同时，王充也指出艺术作品要"为世用"，即有"善"才能有"美"。❶ 因此，恰如曾繁仁所总结之"中国传统文化之中，不仅真善美融贯，而且礼乐政刑融贯，天地人也是融贯的"❷。

总体而言，在先秦时期，相较上下界、内外界之"融贯性"，真善美之融贯在"真"这一方面较为不足，因而整体上呈现善与美之融贯，真与善美二者之融贯在先秦之后有一段逐渐发展、演变的历程。如叶朗所言，王充对真、善与美的统一还是一种初级形态的统一，因为他还没有充分把握艺术特殊的规律性以及艺术真、善、美的内在联结，这就必然导致三者的重新分裂，一直到清初的思想家王夫之、叶燮那里，真、善与美才形成高级形态的统一。❸ 真、善、美更高一级的统一必定是三者实现了更高程度的融贯，也即叶朗所说的把握了"真、善、美三者的内在联系"。从思想史发展的角度而言，"认识论问题如果不与道德修养问题相结合，就很难成为中国哲学的一个部分而流传下来，因此认识论问题往往与伦理道德是同一问题"❹。因而，真与美的问题对善的问题依赖性更强，二者一般不单独存在，偶有单独存在或也未能在历史的淘洗中幸存下来。

值得强调的是，在中国古代"融贯性"思想中，无论何种境界之间的贯通，其所呈现的都是一个动态的变动过程，如方东美所言："'通'具动

---

❶ 参见黄晖撰：《论衡校释》，中华书局1990年版，第609、386、1202页。

❷ 曾繁仁："改革开放进一步深化背景下中国传统生生美学的提出与内涵"，载《社会科学辑刊》2018年第6期，第41页。

❸ 参见叶朗：《中国美学史大纲》，上海人民出版社1985年版，第176页。

❹ 汤一介："论中国传统哲学中的真、善、美问题"，载《中国社会科学》1984年第4期，第76页。

态，意象尤切也。"[1] 除《尚书》外，《周易》作为中国思想奠基性的著作之一，也呈现了此种"融贯性"思想。我们知道，关于"周易"之"易"的含义，历来解释者众多，而其基本义为"变易"。孔颖达《周易正义》认为："夫'易'者，变化之总名，改换之殊称，自天地开辟，阴阳运行，寒暑迭来……生生相续，莫非资变化之力，换代之功。"[2] 因而，中国古代思想尤为看重事物之变化和生成，正所谓"新新不停，生生相续，莫非资变化之力，换代之功"，这一"变易"思想也正是《周易》名称的由来，并以之贯穿《周易》之始终。

"融贯性"思想之"变"如《周易·系辞上》所言："一阖一辟谓之变，往来不穷谓之通"，又言："是故形而上者谓之道，形而下者谓之器，化而裁之谓之变，推而行之谓之通……极天下之赜者存乎卦，鼓天下之动者存乎辞；化而裁之存乎变；推而行之存乎通"。[3] 故而，上界之道与下界之器相贯通，促使事物交感化育、万物沿此变化之理推广而旁通，此即"变"与"通"。其重要性如《周易·系辞下》所言："《易》穷则变，变则通，通则久。"[4] 因而，唯变才能贯通、畅达，唯贯通、畅达方能长久。

当然，此种"通"与"变"并不局限于"融贯性"思想，它是整个中国传统哲学思想的重要特质之一，或者说《周易》中"通"与"变"的思想为中国哲学传统奠定了基调。如梁漱溟所言："中国自极古的时候传下来的形而上学，作一切大小高低学术之根本思想的是一套完全讲变化的——绝非静体的。"[5] 因此，也正是此种注重"通"与"变"的思想传统孕育了各个境界相贯通的"融贯性"思想。

近代以后，在 20 世纪早期，方东美、张岱年等学者就明确使用"融贯性"这一概念来描述中国文化和哲学的整体特征。此后，朱立元、曾繁仁等在美学领域使用这一概念。尤其值得重视的是，他们大多在中西对比的

---

[1] 方东美：《中国哲学精神及其发展（上）》，孙智燊译，中华书局 2012 年版，第 86 页。
[2] （清）阮元校刻：《十三经注疏·周易正义》（卷首），中华书局 1980 年版，第 1 页。
[3] （清）阮元校刻：《十三经注疏·周易正义》（卷七），中华书局 1980 年版，第 70、71 页。
[4] （清）阮元校刻：《十三经注疏·周易正义》（卷八），中华书局 1980 年版，第 74 页。
[5] 梁漱溟：《东西文化及其哲学》，商务印书馆 2010 年版，第 132 页。

语境中使用"融贯主义""融贯性"等概念，以西方哲学和美学特性（如分离性）为参照系，用这一概念突出中国哲学和美学的总体特质。

方东美在《从比较哲学旷观中国文化里的人与自然》中提出："中国人评定文化价值时，常是一个融贯主义者，而绝不是一个分离主义者。"❶ 方东美在这里将西方"分离性的思想型式"（"型式"一词为原文所用）与中国"融贯性"的思想形式作了对比，并指出这种不同所呈现出的一系列中西差异。例如，西方的观念和方法是分析的，中国的则是综合的、浑融的；西方的哲学是二分的，存在"上界与下界""内界与外界"的对立，而中国哲学中的不同境界是融贯的。❷ 因此，"融贯性"在这里以分离性为参照系，用以在中西对比中描述中国文化和整个哲学的特征。

张岱年《略论中国哲学范畴的演变》一文在稍狭义的层面上将"综合性或融贯性"作为中国古代哲学范畴的三大特点之一。他指出，中国古代的宇宙哲学与道德哲学、认识方法与修养方法密切结合，很多范畴既有本体论又有伦理学意义，两个意义可以分却分不开。❸ 因而，这里的"融贯性"意指中国哲学范畴宇宙哲学与道德哲学的贯通，本体论意义与伦理学意义的不可分。这与方东美在更广阔的层面上描述中国文化和哲学的"融贯性"是一致的。

除了哲学研究中的"融贯性"思想，在美学研究中，曾繁仁在《改革开放进一步深化背景下中国传统生生美学的提出与内涵》一文中特别强调了方东美提出的"融贯性"概念，并指出："不仅真善美融贯，而且礼乐政刑融贯，天地人也是融贯的。这种融贯性反映了生命哲学与美学的基本特点。"❹ 因而，曾繁仁将"融贯性"作为生命哲学与美学的基本特点，这

---

❶ 方东美著，李溪编：《生生之美》，北京大学出版社 2009 年版，第 67 页。

❷ 参见方东美著，李溪编：《生生之美》，北京大学出版社 2009 年版，第 53～54 页。

❸ 参见张岱年："略论中国哲学范畴的演变"，载人民出版社编：《中国哲学范畴集》，人民出版社 1985 年版，第 407 页。

❹ 曾繁仁："改革开放进一步深化背景下中国传统生生美学的提出与内涵"，载《社会科学辑刊》2018 年第 6 期，第 41 页。

进一步细化了"融贯性"的意涵，并在纵向上拓展了"融贯性"的适用范围。

此外，有些学者并未直接使用"融贯性"这一概念，但于同样的意义上使用了"通贯性""互渗性"等概念。例如，蔡锺翔和陈良运在"中国美学范畴丛书"总序中指出，中国传统美学范畴的特点之一即"通贯性和互渗性"，它既指同一个范畴渗透于审美活动的各个环节，如"气"这一范畴，"既属本体论，又属创作论；既属作品论，也属作家论，又属批评、鉴赏论"，同时又指不同范畴之间的互渗、互转，如"趣"和"味"的互渗，"巧"和"拙"的互转等。❶ 因而，"通贯性""互渗性"在这里与"融贯性"的含义是一致的，同样用以描述中国美学范畴的特性。

对于中国传统的生态审美观而言，"天人合一"的观念典型地呈现了"融贯性"思想。尽管"天人合一"强调天与人相统一或同一，但"合一"本身实际上包含了非常复杂的情况。换句话说，尽管自然与人相融贯，但二者相融贯的具体方式和程度却丰富多样。值得强调的是，"天人合一"作为一个复杂的概念和思想系统还蕴含着真、善与美相融贯的思想，尤其是美与善相融贯，而不单独讲其中任何一方面。如蒙培元所言，无论从美学、伦理学或哲学哪一方面讲，这一学说都是相互联系的，它本身就是整体性的，是真、善、美合一的。❷

二、"融贯性"思想的哲学根基：生命一元论

我们在前文讲到，当代西方环境美学中没有传统意义上的形而上学，伯林特的"连续性"形而上学思想所讲的"形而上学"也并非传统意义上的形而上学，而是在更宽泛的意义上指一种一般、普遍的原则。方东美在

---

❶ 古风：《意境探微》（上卷），百花洲文艺出版社 2009 年版，"总序"，第 2 页。
❷ 蒙培元：《人与自然——中国哲学生态观》，人民出版社 2004 年版，第 27 页。

对比中西方哲学的时候指出，西方哲学传统存在一种超绝的形上学。之所以称之为"超绝"，是因为上下界与内外界相互隔绝、彼此不通。但是到了当代西方环境美学这里，只讲经验，只讲现象界的事情，因而也就根本不存在贯通上下界与内外界的问题。

但是中国的形而上学并不"超绝"，顶多只是"超越形上学"❶，或者说是超验形上学。"就本体论来看，宇宙真相固然可以划分为各种相对真相，以及相对真相之后的总体——绝对真相。但是相对之于绝对，不是用二分法割裂开的，而是由许多相对真相集结起来，在一贯之中找一线索，自自然然可以统摄到一最高的真相，因此最高真相是绝对的，并不是与相对系统对立，而是相对系统的贯通。"❷ 因而，中国哲学尽管也分为不同的境界，但它们之间不是以二分法割裂开来的，而是在诸种境界之间贯穿着统一的线索，即便需要二分，那么在二分之后往往要合二为一，这里的"一"是具有新质的、贯通了整体的"一"。诚如庞朴所言：

> 中国式的思维方法不是一分为二的……中国哲学并不主张用综合去取代分析，而是"综合"其综合与分析，此之谓整体性思维……就是说，在一分为二之后，还要合二而一。这个合成的一，已是新一，变原来混沌的一而成的明晰的一。在儒家，叫做"执两用中"；在道家，叫做"一生二，二生三"……我们也可以称这种中国式的思维方法叫"一分为三"。❸

因而，中国的形而上学并不存在上下界与内外界的隔绝和对立。正是在这样的背景下，中国传统的生态审美思想以宇宙论或本体论为基础，形成整体的统一性与融贯性。如张法所言："审美对象的气韵生动，创作主体

---

❶ 方东美：《生生之德：哲学论文集》，中华书局2013年版，第235页。
❷ 方东美：《原始儒家道家哲学》，中华书局2012年版，第19～20页。
❸ 庞朴：《庞朴文集（第四卷）》，山东大学出版社2005年版，第267页。

的'气充乎中',欣赏主体的'听之以气',使得中国美学在宇宙论的基础上得到了统一。"❶ 因此,"美"这一范畴在中国美学史上之所以不占重要地位,是因为中国美学的根本和基础是宇宙论或本体论,关键范畴一直都是宇宙论中的"气""道""理"等。生态审美思想作为整个中国美学思想的一部分,同样如此。

而生态审美思想无论统一于"气",还是统一于"道",在根本上都是统一于生命或生命精神,"气"或"道"的运行过程即是生命变动不息的过程。所以《周易》曰:"一阴一阳之谓道"❷,"道"即是阴阳交感生物之道。而"天地之大德曰生"❸,天地之德则在于生育万物。"生生之谓易"❹,万物生生不息,生命氤氲、周流于天地之间,这才是宇宙运动变化的过程。成复旺指出,中国哲学之所以能避免二元分立,其根本原因就在于中国的宇宙论并不建基于精神或物质,而是建基于生命。生命的本质是自我生长,因而它同时具有造物者和被造物的双重身份。在与西方对比的语境下,中国宇宙论的基本特征即是生命一元论。❺ 因而,从根本上讲,中国生态审美思想整体的"融贯性"就是通过生命的贯通而得以实现的。

当代西方环境美学虽然反对传统的二元论及其具有的人类中心主义色彩,但大多数美学家仍未脱离二元对立的框架,只有少数美学家如伯林特从理论根基层面彻底摒弃二元论,进而在环境审美中实现了一元论。由此,其理论中的"连续性"思想在一元论的基础上实现了最高程度的连续。然而,伯林特的一元论审美在理论层面或逻辑层面虽然可行,可在现实的审美活动中能否实现以及怎样实现却是未知数。也就是说,伯林特的环境审美实际上也没有真正实现一元论。对此,中国传统建立在生命基础上的生态审美或有望实现真正的一元论审美。

---

❶ 张法:《中国美学史(修订本)》,四川人民出版社 2020 年版,第 550~551 页。
❷ (清)阮元校刻:《十三经注疏·周易正义》(卷七),中华书局 1980 年版,第 66 页。
❸ (清)阮元校刻:《十三经注疏·周易正义》(卷八),中华书局 1980 年版,第 74 页。
❹ (清)阮元校刻:《十三经注疏·周易正义》(卷七),中华书局 1980 年版,第 66 页。
❺ 成复旺:《走向自然生命:中国文化精神的再生》,中国人民大学出版社 2004 年版,第 31 页。

当代西方的部分环境美学家也关注到了生命。罗尔斯顿在论述森林审美时指出："有一些无生命的自然物种是自然在不同时期产生和再生的：高山、峡谷、河流、河口。但地球的奇迹是自然用生命来装点地貌。树木唤起了这种原初的生物力量：伊甸园的生命之树、耶西树桩上长出的嫩芽、黎巴嫩的雪松———一次又一次地，在混乱中维持着生命短暂的美丽，在永恒的死亡中延续着生命。"❶ 但他们是在科学知识的基础上关注生物学意义上的生命和生命生存，所以自然被分为有生命的与无生命的，这与中国生态审美思想中所讲的"生命"有根本的不同。如朱良志所言：

> 《易传》谓"天地之大德曰生"，扬雄谓"天地之所贵曰生"。此二语可以说是中国哲学对生生精神的集中概括。天地以生物为本，天地的精神就是不断化生生命，创造生命是宇宙最崇高的德操。万物唯生，而人必贵生。"生"在这里已经不是具体的自然生命，而是包括从自然生命中所超升出的天地创造精神。❷

因而，中国传统生态审美思想所理解的"生命"不仅指生物学意义上的生命，它强调天地万物都是生命大化流行的一部分，即便是西方所谓的没有生命的无机物，其自为的运行也充满着活泼泼的生命力。这正是生命一元论的特色所在。

此种"生命一元论"的宇宙观❸主要有以下三个层层递进的要点：

（1）万物"皆"有生命。由于中国哲学所理解的"生命"并不局限于具体的自然生命或生物学意义上的生命，而是扩展至天地万物之大化流行。

---

❶ Holmes Rolston III, "The Aesthetic Experience of Forests", in Allen Carlson and Arnold Berleant, eds., *The Aesthetics of Natural Environments*, Peterborough: Broadview Press, 2004, p. 186.

❷ 朱良志：《中国艺术的生命精神》，安徽教育出版社 2006 年版，第 3 页。

❸ 此处对"生命一元论"宇宙观特质的概括主要基于成复旺的论述。他指出，中国古代的宇宙观包含两个要点：一是认为宇宙自有生机，二是认为万物皆有生命。参见成复旺：《走向自然生命：中国文化精神的再生》，中国人民大学出版社 2004 年版，第 23~34 页。

因此，一元论宇宙观以生命为"元"，认为万物皆有生命，"即认为万物皆禀赋着宇宙之生机，皆具有生命之灵性，而不是静止状态的死物"❶，如罗汝芳所言："天地万物也，我也，莫非生也。"❷

（2）万物"自"有生命，即宇宙自有生机。天地万物的生命是自为运行、生生不已的，而不是由外物所赋予。❸ 如法国学者谢和耐所言："中国人对自然现象的自发性是如此敏感，他们不可能想象运行不息的自然机制有外力在操纵。他们拒绝把宇宙的推动力与宇宙分离：在他们看来，有序是自然固有的。"❹ 这也正是生命一元论之"一"所在，由于没有外在的造物主，所以不会产生造物主与被造物的二分。

（3）万物处于生生相连的过程与整体中。此处的"相联"既包括某一生命或某种生命的前后接续，又包括不同生命之间的融贯。也就是说，在历时的维度上既包含同一生命不同生长过程之间的连续，又包含不同生命之间的交替演进。在共时的维度上则包含不同生命之间的联结，即不同生命之间彼摄互通，织就一张生命之"网"。❺ 因而，一元论之"生命"既不是高绝的，也不是静止的，而是动态流变的，总是处于一个生生不已的"过程"中，并且，不同生命之间相融贯，共同构成一个生命整体或生命统一体。

因而，正是生命一元论的宇宙观奠定了一元论生态审美及其所蕴含的"融贯性"思想的根本基础。由于万物皆有且自有生命，并且万物都处于生生相连的过程与整体中，人与万物或者说审美主体与客体的交融就具备可能性和充分的条件，从而能以己之生命去体悟天地万物之生命、直透生

---

❶ 成复旺：《走向自然生命：中国文化精神的再生》，中国人民大学出版社 2004 年版，第 28 页。

❷ （明）罗汝芳著，方祖猷、梁一群、［韩］李庆龙等编校整理：《罗汝芳集》，凤凰出版社 2007 年版，第 388 页。

❸ 成复旺：《走向自然生命：中国文化精神的再生》，中国人民大学出版社 2004 年版，第 28 页。

❹ ［法］J. 谢和耐：《中国文化与基督教的冲撞》，于硕等译，辽宁人民出版社 1989 年版，第 298 页。

❺ 参见朱良志：《中国艺术的生命精神》，安徽教育出版社 2006 年版，第 9 页。

命之道。因而，生态审美不需要外在的规定性，就能实现生命与生命之间直接的沟通和交融。

第二节 人与自然（环境）之"连续性"与 "融贯性"的多元形式

一、"连续性"的两种形式

在西方环境美学中，人与自然的"连续性"因联结方式和程度的不同呈现为两种较为典型的形式。而之所以有如此不同，归根结底是因为哲学基础和伦理立场不同。虽然去除人类中心主义是环境美学家的共同追求，但他们追求的具体程度有所不同，而这不同则毫无意外地反映在人与自然的关系中。

（一）人—环境统一体

在西方环境美学兴起之前，利奥波德作为西方"生态美学之父"❶，通过"大地伦理学"从伦理的维度恢复了人与自然之间的"连续性"。

利奥波德的生态审美观建立在生态伦理学的基础上，而其伦理学则建立在进化的观念之上，他将土地伦理观看作一种社会进化的产物，尽管这种伦理观在当时还未真正实现。这种进化的伦理观分为三个阶段，分别对应不同的处理对象：第一阶段的伦理观处理的是人与人之间的关系；第二阶段的伦理观处理的是个人与社会的关系；第三阶段将是"处理人与土

---

❶ 学界也有将美国学者约瑟夫·米克称为"生态美学之父"的说法，因其在 1972 年发表的论文《走向生态美学》中较早提出了"生态美学"这一概念，并指出生态审美相较于传统审美的特性。参见程相占等：《西方生态美学史》，山东文艺出版社 2021 年版，第 23 页。

地，以及人与在土地上生长的动物和植物之间的伦理观"❶，在更宽泛的层面上讲，也即处理人与自然之间关系的伦理观。

土地伦理观通过共同体边界的扩展以及人在共同体中的重新定位，恢复了人与自然之间的"连续性"。利奥波德认为，迄今为止的各种伦理观都离不开一个前提：个人是各部分相互影响的共同体的成员。人的本能不仅促使其在共同体中竞争，而且促使其去合作。❷ 土地伦理规则将共同体的边界进一步扩展，从而囊括进土壤、水、植物和动物，它们统称为"土地"。人作为共同体的成员，其角色不再是征服者，而是与共同体的其他部分平等的一员。利奥波德指出："它暗含着对每个成员的尊敬，也包括对这个共同体本身的尊敬。"❸ 一旦人与共同体中其他成员建立起平等关系，那么人与自然之间"连续性"的恢复就有了根基。

仅有恢复的根基还不够，人与自然之间"连续性"的完全恢复还有赖于二者在平等的基础上所建立起的"关系"，利奥波德又一次将二者的关系引向进化论与生态学的维度。他以食物链为线索建构了"土地金字塔"，其"底层是土壤，植物层位于土壤之上，昆虫层在植物之上，马和啮齿动物层在昆虫之上，如此类推，通过各种不同的动物类别而达到最高层，这个最高层由较大的食肉动物组成"❹。因此，通过"土地金字塔"，利奥波德建立了人与自然之间基于生存的生态关系，包括人在内的"土地金字塔"的任何一层出现变化，都会对整个金字塔产生不可估计的影响。因此，土地伦理共同体抑或是人与自然连续体实际上比此前的伦理共同体有更为紧密的内部结构，更具整体性与统一性。

不难发现，利奥波德在进化论与生态学基础上，从伦理维度建构的人与自然之"连续性"，看重伦理观的社会进化进程，以及人与自然之间基

---

❶ ［美］奥尔多·利奥波德：《沙乡年鉴》，侯文蕙译，吉林人民出版社 1997 年版，第 192 页。
❷ ［美］奥尔多·利奥波德：《沙乡年鉴》，侯文蕙译，吉林人民出版社 1997 年版，第 193 页。
❸ ［美］奥尔多·利奥波德：《沙乡年鉴》，侯文蕙译，吉林人民出版社 1997 年版，第 194 页。
❹ ［美］奥尔多·利奥波德：《沙乡年鉴》，侯文蕙译，吉林人民出版社 1997 年版，第 204 页。

于生命生存的功能性连续，因而，他所建立的人与自然之连续体实为伦理共同体。

但利奥波德首先不是从审美的维度，而是从伦理的维度，以善的规定性稍显"强制性"地置入土地伦理共同体（人与自然连续体），进而，他才在此基础上考虑审美的问题。此时，理所当然地，善的才能是美的，只有事物有益于维持共同体的和谐与稳定时，它才是美的。因而，土地共同体的和谐、稳定与美丽是统一的。

不同于杜威强调在知觉中组织起"做"与"受"的平衡关系从而产生具有审美性质的经验，利奥波德认为通过进化论与生态学知识，我们可以扩展自身感知的边界，增加感知的广度与深度。如考利科特（J. Baird Callicott）所言："在利奥波德的描述下，生态学作为一门生物科学与进化论构成直角关系。后者增强了感知的深度，即'令人难以置信的千年跨度'，而前者增强了感知的广度，即自然生物不再是孤立的存在。它们'在一个嗡嗡作响的充满诸多合作与竞争的群落、一个生物区中相互连结'。"❶ 因此，从伦理开始的人与自然之"连续性"，最终在真、善、美相统一的生态审美中得以具体呈现。

在西方环境美学中，罗尔斯顿也从伦理维度重建了人与自然之"连续性"。他继承了利奥波德的伦理观，但又在此基础上前进了一步，他为人与自然之"连续性"找到了一个坚实的基点。为何人与自然都是共同体中相互平等的一员？在进化论与生态学知识之外，还有没有别的什么能给我们答案？通过罗尔斯顿，我们知道还有自然价值论。他认为，价值是生态系统内在的属性，主体与客体的结合导致它的诞生，其形式虽是主观的，但评价的内容是客观的。❷ 因此，他从进化论与生态学的角度指出了自然本

---

❶ J. Baird Callicott, Leopold's Land Aesthetic, in Allen Carlson & Sheila Lintott, eds. *Nature, Aesthetics, and Environmentalism: From Beauty to Duty*, New York: Columbia University Press, 2007, p. 110.

❷ 参见赵红梅："美与善的汇通——罗尔斯顿环境思想评述"，载《郑州大学学报（哲学社会科学版）》2009 年第 1 期，第 153 页。

身固有的价值，这一价值不是以人的利益为中心，而是以自然自身的进化进程为中心。很多学者认为"价值"本身不可能独立于人而存在，于是罗尔斯顿采取了一种折中的办法。也就是说，虽然价值评判的形式是主观的，必然要和人相关，但其评判的内容是客观的，是根据客体本身的属性而作出的。

因而，在自然价值论的基点上，罗尔斯顿的伦理观就没有那么强的规定性，人与自然的平等关系就不再是人单方面的重建，而是基于自然价值论的价值平等关系。那么，真、善与美的统一就不仅有进化论与生态学知识的支撑，还有自然价值论的支撑。

在人与自然的伦理共同体中，由于生物学和生态学知识的支撑，"自然"难免带上"生态系统"的意涵。而在人与自然相连续的审美共同体中，环境美学家正是通过追问"自然"是什么而在"环境"的维度上重新定义了自然。但他们所讲的"环境"不完全是生态学意义上的环境，而是偏向于包括人在内的物理时空意义上的审美的环境。赫伯恩认为："我们身处自然之中并且是自然的一部分，我们并非站在它的对面，就像站在墙上一幅画的对面一样。"[1] 并且，他强调自然是"无框的"、边界开放的。因此，作为审美对象的自然物因其边界的开放性总能参与不同范围的审美情境，并因而具有不同的审美特性。如赫伯恩所言：

> 一棵长在悬崖上的树随风弯曲，可能会让我们感到顽强、残酷、紧张，但从更远的距离来看，当视野包括了山坡上无数类似的树木时，那令人震撼的事物，可能就变成了一个令人愉悦的、点画式的、有图案的斜坡……自然中的任何审美特性都是暂时的、可校正的。[2]

---

[1] Ronald Hepburn, Contemporary Aesthetics and the Neglect of Natural Beauty, in Allen Carlson & Arnold Berleant, eds. *The Aesthetics of Natural Environments*, Peterborough: Broadview Press, 2004, p. 45.

[2] Ronald Hepburn, Contemporary Aesthetics and the Neglect of Natural Beauty, in Allen Carlson & Arnold Berleant, eds. *The Aesthetics of Natural Environments*, Peterborough: Broadview Press, 2004, p. 47.

沿着同样的路径，卡尔松对自然作了两个界定：其一，自然是自然的；其二，自然是环境的。前者用于将自然区别于艺术，后者则在此基础上强调自然本身的环境特性，并将"环境"的范围扩展至以人为基点的综合性环境。其"综合性"在于自然与人文的综合，而其自然性可多可少；之所以"以人为基点"，是因为人必然地是环境的欣赏者，"我们作为欣赏者浸入我们欣赏的对象中"，"如果我们移动，我们是在欣赏对象中移动，并因此改变了我们和它的关系，同时也改变了欣赏对象本身"❶。因此，自然是环境的这一界定是对人而言的，这一界定本身就预示了人的存在。

因此，如果说赫伯恩初步揭示了自然的环境特性，那么卡尔松则正式建构了人—环境统一体，环境是围绕人的环境，而人是环境中的人，二者相互影响、相互作用。如果说罗尔斯顿还只是在生态学知识的基础上将"自然"理解为一般意义上的生态系统，那么赫伯恩与卡尔松则一开始就在审美的意义上追问自然的特性，这里的"自然"已不是一般认知中的自然，其必然离不开审美的语境。

人—环境统一体的形成在审美活动中表现为人介入或浸入环境中。在卡尔松之外，斋藤百合子指出："关于对环境与环境艺术的审美体验的创造，我们的介入并不局限于发挥想象力和创造力，还包括我们通过身体性的参与（bodily engagement）所形成的切实的介入。"❷ 罗尔斯顿也强调："科学，无论多么必要，总是不够的……森林作为一个客观存在的群落的知识并不能保证全面的审美体验，除非你自己进入这个群落"，并且，这种"进入"同样是"身体化的介入、沉浸和斗争（embodied participation, immersion, and struggle）"。❸ 因此，森林在审美之外本来是客观存在的，

---

❶ Allen Carlson, *Aesthetics and the Environment：The Appreciation of Nature, Art and Architecture*, London & New York：Routledge Press, 2000, p. Ⅻ.

❷ Yuriko Saito, Environmental Directions for Aesthetics and the Arts, in Arnold Berleant, ed. *Environment and the Arts：Perspectives on Environmental Aesthetics*, Aldershot：Ashgate Publishing, 2002, p. 174.

❸ Holmes Rolston Ⅲ, The Aesthetic Experience of Forests, in Allen Carlson & Arnold Berleant, eds. *The Aesthetics of Natural Environments*, Peterborough：Broadview Press, 2004, pp. 188~189.

而只有当人进入森林中，与森林相互作用，进而所有相关的知识都落于实际的森林中，人们才有适合于森林的审美体验。如罗尔斯顿所言："森林的审美体验是一种相互作用的现象，在这一过程中，森林之美得以形成。"❶

由此可见，与罗尔斯顿的伦理共同体一样，人—环境统一体也强调人与环境的平等关系和相互作用。实际上，以"环境"为审美对象的环境审美或生态审美的重要议题就是批判传统美学对自然美的忽视，以及充满人类中心主义色彩的审美无利害与审美静观，无论是以卡尔松为代表的认知主义阵营，还是以伯林特为代表的非认知主义阵营，均是如此。并且，认知主义阵营还试图通过自然科学知识实现自然审美的客观化，从而去除传统自然审美的主观性。与此同时，他们也将自然审美与自然保护联结，试图通过自然的审美价值促进自然保护，并由此对自然审美提出了五点要求。其一，自然美学应该是无中心的，而不是人类中心主义；其二，自然美学应该聚焦于环境，而不能迷恋风景；其三，自然美学应该是严肃而深刻的，而不是琐碎且肤浅的；其四，自然美学应该是客观的，而不是主观的；其五，自然美学应该有道德参与，而不是道德中立或道德虚无。❷

因此，人—环境统一体所呈现的人与自然的关系也是一种过程"连续性"，人与环境在平等与相互作用的基础上，在审美活动的动态过程中相互联结并形成一个统一的整体。与罗尔斯顿所呈现的伦理共同体不同，人—环境统一体必然要在审美活动和审美过程中实现。如前文所述，尽管二者都具有对自然的伦理关怀，但前者是从伦理到审美，遵循伦理—知识—审美的路径，伦理是基础；后者是从审美到伦理，遵循审美—知识—伦理的路径，审美是基础。相较于中国传统思想，二者实际上并未实现真、善与美的真正联结。

---

❶ Holmes Rolston Ⅲ, The Aesthetic Experience of Forests, in Allen Carlson & Arnold Berleant, eds. *The Aesthetics of Natural Environments*, Peterborough: Broadview Press, 2004, p. 189.

❷ See Allen Carlson & Sheila Lintott, Introduction: Natural Aesthetic Value and Environmentalism, in Allen Carlson& Sheila Lintott, eds. *Nature, Aesthetics, and Environmentalism: From Beauty to Duty*, New York: Columbia University Press, 2007, pp. 12~17.

（二）环境场

"场"（field）这一概念最初来自物理学，进而逐渐被广泛应用于人文学科。例如，在装饰艺术中，"场"指"装饰区的主要区域，通常处于一个边界内，通常是各种图案的背景"❶。因而，"场"在一般意义上经常被理解为：一种空间结构，一个内部要素相互作用的整体，或者一个综合性的背景。伯林特早期正是在这一意义上建构了"审美场"理论，并将其运用于环境审美，建构了"环境场"。

那么"审美场"作为一种特殊的"场"，具体指什么呢？伯林特通过对艺术的重构解释了"审美场"这一概念："实际上，只有包含艺术的对象、活动和体验的整个情境，包括所有这些甚至更多的背景环境，才能定义艺术。艺术对象被积极地、创造性地体验为有价值的这种语境，我称之为'审美场'（aesthetic field）。"❷ 因此，"审美场"不仅是艺术的存在方式，也是艺术得以可能的根本条件。"艺术"不再是对象性的存在，它是一种整体的审美情境、一种动态的审美活动。

伯林特建立"审美场"理论的初衷是重构"艺术"，从而建立一种能同时解释传统艺术与当代艺术的审美理论。此后，他把这一审美理论进一步扩展为"参与美学"，连续性与参与性成为其两大基本原则。可以说，参与美学的审美对象从艺术扩展到环境是必然的，因为无论是连续性还是参与性，都能更好地在环境审美中实现，"环境场"是一种更典型的"审美场"，环境审美是比艺术审美更典型的参与审美。

在"审美场"理论的奠基上，伯林特首先重新界定了"环境"这一概念。他指出，若从哲学尤其是美学角度研究环境，我们需要修正"什么是

---

❶ 维基百科 Field 词条，见 https：//en. wikipedia. org/wiki/Field. 2021 年 12 月 23 日参考。

❷ Arnold Berleant，*The Aesthetic Field：A Phenomenology of Aesthetic Experience*，Springfield，Illinois：Charles C Thomas，1970，p. 47.

环境"这一观念。❶ 但在探讨"环境"这一概念之前,伯林特首先阐明了他的自然观。他认为存在一种最深层次的统一,即把万物均视作自然界的合法的一部分。在这里,"自然包含了一切,它们都遵循同样的存在标准,都表现出同样的过程,都例证了同样的科学准则,都唤起了同样的好奇、同样的沮丧,且最终都被人们同样地接受"❷,即我们通常所说的"自然之外无他物"。并且,最终,一切事物均是互相影响的,人类与其他一切事物都居于一个普遍联系的整体中。进而,在这一整体性自然观的基础之上,伯林特指出:"按我的理解,无论人们以怎样的方式生活,环境都是人们生活着的自然过程。环境是被人们体验的自然、被生活的自然。"❸ 因此,环境与自然一样,都是一个包容人与其他一切事物、相互影响且普遍联系的统一体。那么同样地,人与环境也是浑然一体的;不同的是,自然仅在一般意义上涵盖人类,就像自然涵盖其他一切事物一样,而环境是人们生活着的自然过程,环境之所以成为环境,是因为有人类及其生活的存在,它更强调人的维度,进一步而言,强调人的身体的维度。

由此可见,伯林特的环境观本身即蕴含着"连续性"思想,环境内的事物均是相连续的,包括人在内的一切事物均处于一个相互作用的、普遍联系的统一体中。在《生活在景观中——走向一种环境美学》一书中,伯林特进一步指出:"我们越来越意识到人类生活与环境密切相连,我们与所居住的环境之间并没有明显的界线",并且"环境是一个更大的术语,因为它包括我们创造的特定物品及其所处的物理环境,它们都与人类居住者不可分割。内在与外在、意识与物质世界、人类与自然过程并不是对立的,而是同一事物——人类环境统一体——的不同方面。"❹ 由此可见,环

---

❶ See Arnold Berleant, *The Aesthetics of Environment*, Philadelphia: Temple University Press, 1992, p. 2.

❷ Arnold Berleant, *The Aesthetics of Environment*, Philadelphia: Temple University Press, 1992, p. 8.

❸ Arnold Berleant, *The Aesthetics of Environment*, Philadelphia: Temple University Press, 1992, p. 10.

❹ Arnold Berleant, *Living in the Landscape: Toward an Aesthetics of Environment*, Lawrence: University Press of Kansas, 1997, pp. 11~12.

境不仅涵盖物质世界，还涵盖人类内在的精神世界。此外，环境内的不同事物之间是平等而不分主客的，这也是伯林特一元论哲学的具体体现。如伯林特所言："环境是一个被各种价值充满的，由有机体、感知、空间构成的浑然统一体，在英语中试图表达这一观念几乎是不可能的。一些常用的表达，如'背景'、'情景'、'我们生活于其中的环境'，都不可避免地是二元的，也都不合适。"❶ 这是伯林特环境观中"连续性"思想的又一体现。因而，环境本身就是一个统一体，其内部的不同事物处于一个动态的、边界模糊而对彼此开放、相互作用且不分主客的统一体中，这与其早期的"审美场"理论一脉相承。

那么，审美的"环境场"如何形成呢？伯林特详细阐述了美感的发生机制。他认为感知是审美体验的中心："归根结底，人类环境是一个感知系统（perceptual system），是一个有序的体验链。"❷ 而审美感知的发生总体上与以下两个方面相关。

其一，"环境感知最简单的形式是感官意识，它是其他一切产生的先决条件"。而不同类型感觉的区分仅仅存在于理论分析或实验状态中，在具体的审美情境中，各种感觉——如视觉、听觉、嗅觉、味觉、表皮触觉、皮下感觉、肌肉和关节的运动感觉、前庭感觉等——往往难分彼此、相互交融、综合作用于感知，此即"通感"或"联觉"（synaesthesia）。❸ 也就是说，各种不同的感觉作为"环境场"中的要素没有明显的界限，其彼此间是连续的。

其二，除了生理因素，社会文化因素也强烈地影响着感知。伯林特认为，我们是"文化有机体"，"感知不仅是感官的，也不仅是生理的，它还融合了文化影响"，因此"个体过去的历史经验也强烈影响着各种刺激——

---

❶ Arnold Berleant, *The Aesthetics of Environment*, Philadelphia: Temple University Press, 1992, p. 10.

❷ Arnold Berleant, *The Aesthetics of Environment*, Philadelphia: Temple University Press, 1992, p. 20.

❸ See Arnold Berleant, *The Aesthetics of Environment*, Philadelphia: Temple University Press, 1992, p. 14, p. 17.

反应及行为模式。社会经验及文化因素也通过知觉习惯、信仰体系、生活方式、行为习惯和价值判断等作用于感知。"❶ 关于这一点,伯林特用了"身体化"(embodiment)这一概念来阐述。他指出"身体化"有两个基本含义很重要:第一,"放入身体;赋予或装点身体(以精神)";第二,"使成为身体的一部分;统一于身体"。而在美学中,前者指"艺术作品中蕴含的身体在场的氛围",后者出现在"当欣赏者的身体参与发生时对艺术的审美反应中"。❷ 后者正是我们在这里要讨论的。当然,"身体化"并不限于艺术审美。在环境审美中,"身体化"意味着欣赏者将文化、社会等因素"身体化"为感知经验中的一部分,并与感官感知相融合,共同构成完整的审美感知,形成一个审美经验统一体。"身体化"摒弃了精神与肉体的分裂,如伯林特所说:"在身体化中,意义是被经验到的,而不是被认识到的。也就是说,我们用自己的身体去把握它们,从字面上讲即将意义融合进来从而使其成为我们肉体的一部分。"❸ 因此,如前文所述,"身体化"集中体现了审美经验与全部的个人经验、文化经验的"连续性"。是"身体"的在场,或者说是审美场中的"身体化",使全部的审美因素,包括生理以及社会文化因素综合作用于审美感知,由此最终形成一个审美经验统一体。

由此,伯林特明确提出了"环境场"以及环境审美的"参与模式"。他在《美学再思考——激进的美学与艺术学论文》一书中指出,审美经验的参与模式将环境理解为与有机体相互作用的、由各种力量构成的力场,有机体与环境之间没有明显的界限。❹ 因此,要审美地欣赏环境,首先就

❶ Arnold Berleant, *The Aesthetics of Environment*, Philadelphia: Temple University Press, 1992, pp. 18 ~ 19.

❷ Arnold Berleant, *Re – thinking Aesthetics: Rogue Essays on Aesthetics and the Arts*, Burlington: Ashgate, 2004, p. 110.

❸ Arnold Berleant, *Re – thinking Aesthetics: Rogue Essays on Aesthetics and the Arts*, Burlington: Ashgate, 2004, p. 86.

❹ See Arnold Berleant, *Aesthetics and Environment: Variations on a Theme*, London & New York: Routledge Press, 2005, p. 9.

要进入环境并与其积极互动，而不是远距离地静观；并且，要充分调动自身的感官，包括传统的视觉、听觉，以及被传统忽视的触觉、味觉、嗅觉和动觉；同时还要充分调动自身的情感、记忆、联想、知识、价值判断等，从而综合地去"感知"环境。因此，在伯林特的环境美学中，环境审美体验的发生总体上遵循的路径是：在具体的审美情境或"环境场"中，以人（身体）与环境的"连续性"为起点，"环境场"内的各种审美要素综合地、直接地作用于感官感知，而与此同时社会经验、文化因素等也"身体化"为审美感知的一部分，并与感官感知相融合，最终形成一个审美经验统一体。

虽然伦理共同体以及人—环境统一体都坚持去除人类中心主义，主张人与生态系统中的其他生物或人与自然环境之间的平等与和谐，因而都呈现了不同程度的"连续性"思想，但归根结底，它们依然在主客体二分的基本框架内谈论人与自然的"连续性"，这是二者与"环境场"的根本不同。"环境场"以现象学为哲学基础，将人与自然都统一于"环境场"内，强调二者的相互依存与无差别合一，因而真正去除了主客体之间的分离。从这个意义上讲，"环境场"与中国传统主客合一的"天人相通"思想最为接近，但是，"环境场"所主张的主客体无差别合一在学理上以及现实中是否具有可行性，值得我们进一步去思考。

二、"融贯性"的两种形式

就人与自然相融贯的方式和程度而言，如张岱年所言，天人合一主要包含两种情况：一是天人相通，二是天人相类。前者发端于孟子，大成于宋代道学；后者是汉代董仲舒的思想。❶ 彭富春把"天人相类"细化为三个方面：天人同类，"它们虽然具有不同的形态，但是同属一个类型"；天

---

❶ 参见张岱年：《张岱年全集（第二卷）》，河北人民出版社 1996 年版，第 202 页。

人同构,"它们虽然具有不同的质料,但是具备相同的结构";天人同数,"它们虽然具有不同的性质,但具有同一种数理、节律和周期"。❶

此外,从历时的角度来看,天人合一的思想还可以进一步细分为六类:

(1)原始儒家:人类参赞化育,浃化宇宙生命,共同创进不已。

(2)道家:环绕道枢,促使自然平衡,各适所适,冥同大道而臻和谐。

(3)墨子:人与宇宙在兼爱之下和谐无间。

(4)汉儒:天人合一,或人与自然合一的缩型说。

(5)宋儒:人与宇宙对"天理"的一致认同。

(6)清儒:在自然力量相反相成、协然中律下的和谐。❷

这一分类更清晰地呈现了天人合一思想的历史流变,但从总体来看,天人合一的思想主要包含天人相通与天人相类两个不同的层面。

(一)天人相通

天人相通之能"通",其关键在于"道"贯通了天与人,即天道与人道一以贯之。"天道与人道看起来根本不同,但实际上是同一个道的不同呈现。不仅如此,而且天道是人道的基础,人道是天道的实现。"❸

天人相通思想的第一个发展阶段主要是先秦时期,孟子是第一位完整阐释天人合一的思想家。孟子有言:"尽其心者,知其性也。知其性,则知天矣。存其心,养其性,所以事天也。"❹ 由于天道与人道的一以贯之,通

---

❶ 彭富春:《论大道》,人民出版社 2020 年版,第 31 页。

❷ 方东美著,李溪编:《生生之美》,北京大学出版社 2009 年版,第 176 ~ 181 页。值得注意的是,方东美还以模式图既直观又鲜明地呈现了这六种天人合一的思想观念,在此不做赘述,具体参见该书。

❸ 彭富春:《论大道》,人民出版社 2020 年版,第 32 页。

❹ (宋)朱熹:《孟子集注·尽心上》,见《四书章句集注》,中华书局 2011 年版,第 327 页。

过"尽心""知性"则能知天道，这是由人道而达天道之路径。孟子又言："夫君子所过者化，所存者神，上下与天地同流，岂曰小补之哉？"❶ 人与天地同流，强调二者的统一性和整体性。《中庸》亦有言："天命之谓性，率性之谓道，修道之谓教。"❷ 同样指出了天道与人道的"融贯性"，以及人道要遵循天道。顾惕生从"命"字的构成角度疏解曰："天命者，天人默契之意也。"❸ 因此，"天命"一词本身即蕴含了人道对天道的顺从以及天人之间的融贯。老庄思想中同样蕴含着天人相通的观念。老子曰："人法地，地法天，天法道，道法自然。"❹ 庄子也有言："天地与我并生，而万物与我为一。"❺ 可见，天与人相通的关键在于"道"之相通，在于天地万物都统一于"道"。

天人相通思想的第二个重要发展阶段是宋代。张载指出："天人异用，不足以言诚。天人异知，不足以尽明。""儒者则因明致诚，因诚致明，故天人合一，致学而可以成圣，得天而未始遗人"❻。张载的天人合一思想是建立在把"气"作为天地万物本原和本质的基础之上的，因而天人之间的"融贯性"实际上是人与天地万物在物质起源与本质层面的一致性。

"二程"也详细论述了天人相通的思想。程颢有言："人与天地一物也"，"天人本无二，不必言合"❼。他强调天人本来就是合一的。程颐的论述更为系统，他首先指出了天道与人道的同一："道一也，岂人道自是人道，天道自是天道？……天地人只一道也，才通其一，则余皆通"❽。进而，道、性、命、天、心、情也是同一的："道与性一也……性之本谓之命，性之自然者谓之天，自性之有形者谓之心，自性之有动者谓之情，凡

---

❶ （宋）朱熹：《孟子集注·尽心上》，见《四书章句集注》，中华书局 2011 年版，第 330 页。

❷ （宋）朱熹：《中庸章句》，见《四书章句集注》，中华书局 2011 年版，第 19 页。

❸ 顾惕生：《中庸郑注讲疏》，至诚书店 1937 年版，第 2 页。

❹ （魏）王弼注，楼宇烈校释：《老子道德经注》，中华书局 2011 年版，第 66 页。

❺ （清）郭庆藩撰：《庄子集释》（卷一下《齐物论第二》），中华书局 2004 年版，第 79 页。

❻ （宋）张载：《张载集·正蒙》，章锡琛点校，中华书局 1978 年版，第 20、65 页。

❼ （宋）程颢、（宋）程颐：《二程遗书》，上海古籍出版社 2000 年版，第 167、132 页。

❽ （宋）程颢、（宋）程颐：《二程遗书》，上海古籍出版社 2000 年版，第 231 页。

此数者皆一也。"❶

值得注意的是，虽然宋代儒学的天人相通思想取得了重要发展，但是"在某些宋儒中，已有趋势将宇宙二分为形而上的'道'与形而下的'物'……所以他们的天人合一多少已掺有形上学的二元论"❷。当然，这种情况有其产生的历史语境，并非思想发展的主流，至明代的阳明心学，此种二分趋向已不复存在。

从前秦至宋代，天人相通思想的演进历程呈现三大特性。

其一，从天地万物的起源到本质。程宜山指出，元气论者可以张载为界，此前大体上从天地万物的起源和构成角度论证世界的物质统一性，而张载（包括张载）之后则从天地万物本质的角度论证世界的物质统一性。❸这样的转变也呈现于天人相通思想的发展历程中。先秦时期，天人之通主要是在天地万物起源层面的"通"，思想家们认为人道源自天道，所以老子讲"人法地，地法天，天法道，道法自然"❹。到了宋代，天与人不仅在起源上相通，也在本质及性质上相通。张载认为："凡可状，皆有也；凡有，皆象也；凡象，皆气也。"❺因而，一切事物都由"气"构成，天地万物之性都是相通的。所以张载道："天性在人，正犹水性之在冰，凝释虽异，为物一也"，"聚亦吾体，散亦吾体，知死之不亡者，可与言性矣"。❻

当然，这里的"本质"与西方传统哲学与美学所论述的与现象界相隔绝的本质是绝不相同的。张载虽也讲本质，但这本质是就天地万物的构成而言，而不是高悬于万物背后的形而上学的东西。当代西方环境美学不讲本质，也不讲物质构成。

其二，天人相通一以贯之地强调实然。张岱年认为天人合一包含天人

❶（宋）程颢、（宋）程颐：《二程遗书》，上海古籍出版社2000年版，第375页。
❷ 方东美著，李溪编：《生生之美》，北京大学出版社2009年版，第179~180页。
❸ 参见程宜山：《张载哲学的系统分析》，学林出版社1989年版，第20页。
❹（魏）王弼注，楼宇烈校释：《老子道德经注》，中华书局2011年版，第66页。
❺（宋）张载：《张载集·正蒙》，章锡琛点校，中华书局1978年版，第63页。
❻（宋）张载：《张载集·正蒙》，章锡琛点校，中华书局1978年版，第22、7页。

本来合一以及天人应该合一两种意味。❶ 天人相通即呈现了天人本来合一的实然状态，而非应然状态。从先秦至宋代，总体来看，天人相通包含了两层含义："第一层意义，是认为天与人不是相对待之二物，而乃一息息相通之整体，其间实无判隔。第二层意义，是认为天是人伦道德之本原，人伦道德原出于天"❷。因此，无论是先秦时期人们认为人道源自天道，还是宋代以"气"统一了天地万物的共同本质；无论是探究起源，还是探究本质抑或探究构成，二者都呈现了天人本来合一的状态，恰如程颢所言，"天人本无二，不必言合"❸。如果天人本就是合一的，那么所谓"应该"合一就再自然不过了。

当代西方环境美学的过程"连续性"思想实际上是沿着从"应然"向"实然"的方向发展的。利奥波德建构的伦理共同体是以善的规定性强调人与自然的"连续性"，即二者应然的"连续性"。但到了伯林特那里，人与自然就不仅是应该相连续，而是本来就是连续的，无论是一般的环境，还是审美的环境，其与人都有着天然的"连续性"。所以伯林特讲道："我们关于环境的基本经验就是参与性的（participatory），然后我们才会为特定目的而采用特殊的模式：认知的、科学的、组织的、政治的，以及传统的审美的。这种经验的基本的参与性正在被人们重新发现，他们沿着很多不同的路线——其中包括现象学的、解释学的、心理学的、宗教的、环境的与艺术的。"❹ 但若放眼整个西方，人与自然之间的关系是从古希腊时期的实然的关系"连续性"，发展为人与自然的分离，到后来重建为人与自然之应然的过程"连续性"。

其三，从先秦到宋代，天人相通的"天"之自然性增强，且"天"不再宽泛地指代天地万物，而是真正关注到具体的自然万物。张岱年指出，

---

❶ 张岱年：《张岱年全集（第二卷）》，河北人民出版社 1996 年版，第 210 页。
❷ 张岱年：《张岱年全集（第二卷）》，河北人民出版社 1996 年版，第 210 页。
❸ （宋）程颢、（宋）程颐：《二程遗书》，上海古籍出版社 2000 年版，第 132 页。
❹ Arnold Berleant, *Art and Engagement*, Philadelphia: Temple University Press, 1991, p. 91.

宋明道学中的"天",指大自然、全宇宙,亦指究竟本根。这里的"天"虽源自孟子,但已无孟子所谓有意志的主宰这层含义,其相通之处在于孟子与宋明道学家都认为天是人心性的本原、道德的根据,但后者又受老庄影响,认为天是自然的。[1] 因而,到了宋明道学,"天"更近于当代所讲的自然,指大自然、全宇宙。张载就在更具体的自然万物的层面上理解"天",真正关注到了自然万物,并兼爱万物,所以他强调"立必俱立,知必周知,爱必兼爱,成不独成"[2]。

张载的这种兼爱万物、民胞物与的情怀与当代西方"生态美学之父"利奥波德颇为相似。利奥波德虽然以善的规定性建构人与自然的连续体,但他认为若要建立一种土地共同体的伦理关系,其关键在于人对自然的热爱之情。他指出:"我不能想象,在没有对土地的热爱、尊敬和赞美,以及高度认识它的价值的情况下,能有一种对土地的伦理关系。"因此,"土地伦理的进化是一个意识的,同时也是一个感情发展的过程。"[3] 对于当代生态美学的建构而言,热爱之情尤为重要。

(二) 天人相类

天人相类或天人相似的典型学说虽然是由董仲舒提出的,但其思想渊源可往前追溯。《黄帝内经》曰:"夫自古通天者,生之本,本于阴阳。其气九州、九窍,皆通乎天气。故其生五,其气三。三而成天,三而成地,三而成人,三而三之,合则为九,九分为九野,九野为九脏,故形脏四,神脏五,合为九脏以应之也。"[4] 这是一种天人相通与天人相类相夹杂的思想,既认为天是生命的本源,认为人道源自天道,又在人的形体结构层面认为天人同构。所以天有六六之节,人亦有三百六十五节,地分九野,而

---

[1] 张岱年:《张岱年全集(第二卷)》,河北人民出版社1996年版,第206页。
[2] (宋)张载:《张载集·正蒙》,章锡琛点校,中华书局1978年版,第21页。
[3] [美]奥尔多·利奥波德:《沙乡年鉴》,侯文蕙译,吉林人民出版社1997年版,第212、214页。
[4] 姚春鹏译注:《黄帝内经》,中华书局2010年版,第93页。

人亦分九脏。

此外，《淮南子》更详细地论述了天人同构的思想。《淮南子·精神训》有言："故头之圆也象天，足之方也象地。天有四时、五行、九解、三百六十六日。人亦有四支、五藏、九窍、三百六十六节。天有风、雨、寒、暑，人亦有取、与、喜、怒。故胆为云，肺为气，肝为风，肾为雨，脾为雷，以与天地相参也，而心为之主。是故耳目者，日月也；血气者，风雨也。"❶《淮南子》认为道是天地万物的本源和运行准则，故而其天人同构与天人相通的思想亦是相夹杂。或者说，其天人同构思想是建立在天人相通思想的基础之上的。

此后，更为系统、全面地论述天人相类思想的当为董仲舒，他在《春秋繁露·人副天数》中论及：

> 人有三百六十节，偶天之数也；形体骨肉，偶地之厚也；上有耳目聪明，日月之象也；体有空窍理脉，川谷之象也；心有哀乐喜怒，神气之类也。观人之体一，何高物之甚，而类于天也……是故人之身，首妾而员，象天容也；发，象星辰也；耳目戾戾，象日月也；鼻口呼吸，象风气也；胸中达知，象神明也；腹胞实虚，象百物也。百物者最近地，故要以下，地也。天地之象，以要为带。颈以上者，精神尊严，明天类之状也；颈而下者，丰厚卑辱，土壤之比也。足布而方，地形之象也……天地之符，阴阳之副，常设于身，身犹天也。数与之相参，故命与之相连也……于其可数也，副数；不可数者，副类；皆当同而副天，一也。❷

我们可以看到董仲舒将具体可感的身体与天地同构，其论述得更为详

---

❶ 张双棣撰：《淮南子校释（增订本）》，北京大学出版社 2013 年第 2 版，第 733 页。
❷ （清）苏舆撰：《春秋繁露义证》，钟哲点校，中华书局 1992 年版，第 354～357 页。

细，而且同《淮南子》一样，其中既包括形体结构的同构，也包括情感和道德的同构。

古希腊时期也有"物活论"思想，以及人与自然在物质构成与生命节奏方面的同构。不同的是，董仲舒强调天人形体结构的一致，而古希腊时期从宇宙起源与物质构成的角度强调二者元素构成的一致。并且董仲舒在赋予天以生命之外，还强调天人之情感与道德的同构，但古希腊时期只是强调生命及其节奏方面的同构。其原因在于，董仲舒天人同构说及其衍生的天人感应说在根本上是为政治服务的，是为了在现实社会中建构规范的伦理秩序，而非单纯的哲学思考。如刘成纪所言："董仲舒将儒家的尘世伦理与天道相对接，其目的并不在天道本身，而在于为尘世伦理寻找形而上的合法性，并对人的现世行为寻找更具本源也更具威力的决定力量，即所谓'上承天之所为，而下以正其（人）所为'（《汉书·董仲舒传》）。"❶

无论是《淮南子》，还是董仲舒的天人同构思想，都走向了充满神秘色彩的"天人感应"，并且这种感应是双向的。一方面，天之变会引起人之变，例如"天将阴雨，人之病故为之先动，是因相应而起也"❷。另一方面，人之变也会引起天之变，"美事召美类，恶事召恶类……帝王之将兴也，其美祥亦先见；其将亡也，妖孽亦先见。故物以类相召也"❸。

我们知道，天人相类的底层逻辑是类比，那么可类比的合法性就尤为重要。如前文所述，若是与天人相通相夹杂的天人相类思想，那么类比的合法性就建立在天人相通的基础之上，即"道"贯通了天与人且天道是人道的来源。如果是单纯的天人同构或天人感应，那么这在很大程度上是在人类认知或想象的基础上，以人类天并反过来以天制约人。因此，"表面上的'人'以'天'为依据，常常在实质上转化为'天'以'人'为基准"❹。

❶ 刘成纪："汉代哲学的天人同构论及其美学意义"，载《上海师范大学学报（哲学社会科学版）》2006 年第 6 期，第 39 页。

❷ （清）苏舆撰：《春秋繁露义证》，钟哲点校，中华书局 1992 年版，第 359 页。

❸ （清）苏舆撰：《春秋繁露义证》，钟哲点校，中华书局 1992 年版，第 358~359 页。

❹ 戴黍：《〈淮南子〉治道思想研究》，中山大学出版社 2005 年版，第 43 页。

从生态的维度讲，无论是天人同构还是天人感应，其底层思维都是以人为基准，因而都是弱生态的。进而，从人与自然的"融贯性"角度而言，此种思想倾向于人与自然之关系中人的一面，因而此种人与自然之"融贯性"也是不被提倡的。如金岳霖所言："'天人合一'说确是一种无所不包的学说；最高、最广意义的'天人合一'，就是主体融入客体，或者客体融入主体，坚持根本同一，泯除一切显著差别，从而达到个人与宇宙不二的状态。"❶ 从这个意义上讲，相较天人相类思想，天人相通思想呈现了人与自然更高的"融贯性"，但仍未达到天与人二者无差别的合一。

第三节 "连续性"思维方式与当代生态美学的建构

无论是西方所讲的人与自然之"连续性"，还是中国所讲的人与自然之"融贯性"，其最高层次都是主客体无差别的合一。伯林特就提倡主客体无差别的连续和交融。他总结了三种关于环境的经验模式：静观模式、积极模式、参与模式。在他看来，虽然积极模式形成身体对环境的积极融入以及二者相融合的和谐状态，但是也存在一些明显的偏失与不足。其认为：

> 积极模式仍然在底层保留了身体与环境的分离性。这是一种人类中心主义的环境，不管其中的交流多么密切，仍然存在残留的、无法消除的差别。相比之下，环境经验最全面的发展超越所有的区分。它是这样一种状态，在其中，任何主观性的痕迹都消失了，并且人与环境之间无法消减的连续性变成把握环境意义的基本条件。❷

---

❶ 金岳霖：《道、自然与人——金岳霖英文论著全译》，王路等译，生活·读书·新知三联书店2005年版，第54~55页。

❷ Arnold Berleant, *Art and Engagement*, Philadelphia: Temple University Press, 1991, p. 89.

因此，伯林特所讲的“连续性”本身就是指人与环境之间所形成的最高程度的合一，积极模式没有形成人与环境之“连续性”的根本原因就在于：人与环境仍是相互区分的。只有消除这种区分以及任何主观性痕迹的参与模式才意味着人与环境的连续及最高程度的合一。

但关键问题是：在理论层面之外，人与自然之最高程度的无差别合一能否在现实中实现，以及它对于大部分普通人而言是否可行。毕竟，人与自然在根本上是不同的。若伯林特并非仅在理论上“建构”人与自然的这种无差别“连续性”，而是“呈现”了人与自然本真的关系模式，那么我们就不得不追问其观点的依据，伯林特似乎并没有就此给我们以明确的答案。

在当前生态危机的背景下，一方面，我们希望人类发挥“此在”不同于其他存在者的优势，守护存在，以生态审美救赎我们的地球。如汤因比（Arnold Toynbee）所言：“人类精神潜能的提高，是目前能够挽救生物圈的生物圈构成要素中惟一可以信赖的变化。”[1] 另一方面，我们又要消除人类与其他生物的差别，形成人与自然或主体与客体无差别的合一。因而，这就产生了悖论。

一旦要消除人与自然之间的差别，一般会出现四种情况：其一，以人合天，这就走向了生态中心主义，并不足取；其二，以天合人，这就导致了人类中心主义，是反生态的；其三，寻找一个第三者，暂且不论这是否具有可行性，即便具有可行性，也难免产生超越天人之外的第三个权威，形成另一个中心，同样是反生态的；其四，作为个体的我（小我）消失，同时又以天地万物为我（大我），从而形成物我不分的状态。对于绝大多数普通的欣赏者而言，这种状态很难实现且颇为神秘。曾繁仁等美学家都倡导一种兼顾人与自然的“生态人文主义”，如曾繁仁所言：“正确的道路只有一条。那就是在生态人文主义的原则下承认双方价值的相对性并将其

---

[1] ［英］汤因比：《人类与大地母亲》，徐波等译，上海人民出版社2001年版，第513页。

加以统一。这才是一条'共生'的可行之路。"❶

可以说，通过对中西方理论资源的吸收与融合，就人与自然的关系而言，无论在认识层面还是在审美层面，消除二者的差别并不可行，人与自然共生才是当代生态（环境）美学发展的必由之路。中西方生态审美理论都在不同程度上呈现了天人共生的某些侧面，但每种学说都不完整，现将人与自然共生的特性和要求整合如下。

其一，去除人与自然的二元对立，但倡导尊重特性的有差别的统一。

从宏观层面而言，这是人与自然共生的基础条件，否则就谈不上"共"，只有人与自然各自扮演好在统一体或生态系统中的角色，才能在此基础上实现"一加一大于二"的效果。人与动物以及人与环境的"连续性"是统一体内部有机联系的一部分，实际上本不必言"共生"，"我们连同我们的肉、血和头脑都是属于自然界和存在于自然之中的"❷，所以中国传统的天人合一思想认为天人本来合一，是一种实然状态。只是，当自然界已孕育出与其他存在者不同的"此在"、人类从根本上成为一个特殊的存在者已成为不可否认的事实时，对立和消除差别都不是明智之举。

从微观层面而言，"审美"是人类的一种特殊活动，虽然其他生命体被证实也有类似的活动，但具体的情况我们目前尚不得而知。当我们谈及审美时，我们指的是人的一种特殊活动或状态。尤其当我们欣赏动态的自然或环境时，我们在其中活动，我们与其互动的范围以及我们的感知必定是以人为中心向外扩展的。伯林特虽然倡导无差别的环境审美，但他也不得不承认人必然是环境感知的来源和原点，这是其审美理论的矛盾之处。此外，人与自然无差别合一是一种颇为神秘难言，甚至是难以意识到的体验。张岱年讲过他曾有的一种体验，在适宜的环境下，他在两三分钟的时

---

❶ 曾繁仁：《生态美学导论》，商务印书馆 2010 年版，第 65 页。
❷ 中共中央马克思恩格斯列宁斯大林著作编译局编译：《马克思恩格斯选集（第 3 卷）》，人民出版社 2012 年版，第 998 页。

间内感觉小我消失了,与天地融为了一体,面前的树木就像是自己的手足,同时感受到了莫名的愉悦。● 这是他所体验到的与万物合一的审美状态,但也只是偶有几次,并且他本人也对其价值产生了质疑,认为这种经验主观而虚幻,于万物并无实益,因而不足以为人生最高境界。

因此,在去除人与自然二元对立的同时,切不可走向另一个极端——消除二者的差别、泯灭各自的特性,这注定是徒劳且无意义的。只有在尊重人与自然的差别和各自特性的基础之上,整个生态整体才能具有更持久而旺盛的生命力。

其二,人与自然之间所形成的是一个生命共同体,"共生"是一个以生命为中心、人与自然相互生成的动态过程。如彭富春所言,天地是生成的,日月旋转,万物并生;人也是生成的,出生、繁衍、死亡,与此同时,天地人也交互生成,天地人的世界成为一个交互生成和无限生成的世界。❷此外,"生命"不仅包括生物层面的生命,对人而言,自然还在精神层面滋养人的生命,使人的生命得到陶冶和升华。无论是西方的"连续性"思想,还是中国的"融贯性"思想,都看重生命(只不过后者所看重的生命不仅指生物层面的生命),并看重过程与功能。因而,生命的动态生成过程既是人与自然共生所呈现的,也是生态审美所着重欣赏的。

其三,既然自然界孕育出人类这样独特的存在者,那么在尊重人类自身特性的基础上,应充分发挥人类作为德性主体的功能,并进而"热爱"自然,这是人与自然共生的必然要求。

如蒙培元所言,人作为"天地之心",不是试图控制自然的知性主体,也不是以自我为中心的价值主体。自然界在孕育人类的同时,也赋予人类以内在德性和神圣使命,即"与天地合其德",因而人作为主体,是为实现人与自然和谐统一的德性主体。❸并且,人作为德性主体,要将人与自

● 张岱年:《张岱年全集(第一卷)》,河北人民出版社 1996 年版,第 81 页。
❷ 彭富春:《论大道》,人民出版社 2020 年版,第 34 页。
❸ 蒙培元:《人与自然——中国哲学生态观》,人民出版社 2004 年版,第 3 页。

然统一体中的各个部分看作平等的，如同张载所言之"民胞物与"，如同利奥波德所建立的土地共同体。

进而，要在德性主体中唤醒一种热爱自然的情感，这是人之为人、为此在的独特性所在，是人与自然共生的必然要求，也是拯救当前生态危机的必由之路。人类只有发自内心地热爱自然，才能与自然实现真正的共生。如上文所述，利奥波德倡导热爱自然，而发源于庄子的兼爱万物的精神在张载那里发展为"民胞物与"，他们同样倡导热爱自然。西方环境美学批判审美无利害与静观的传统，强调浸入式或参与式审美。笔者认为，作为对无利害审美的反叛，生态审美首先要融入人对自然的热爱之情，这种热爱之情与审美愉悦是相互促进、相互生成的。

综上所述，人与自然之间理想的关系状态是"共生"。那么，如何实现这种理想的关系状态呢？从中国古代生命一元论的宇宙观中，我们得到的启示是：只有在万物皆有且自有生命的基础之上，人与自然才能真正实现共生。现在，我们不妨从科学的角度进一步论述万物皆有且自有生命，从而形成古今互证。

传统的物质理论继承并发展了古希腊的原子论，自然界被看作由不可分的原子构成。但是传统的物质理论存在一些无法解决的难题，其中之一为：从物理学上看，原子被假定为具有同样的质量，但是化学上的发现表明，原子的质量大小不同，而且不同质量的原子其化学特征也不同。随着电子的发现，一种新的物质理论出现了。它表明原子是电子的聚合体，电子成为物质的基本粒子，电子的聚合有特定的结构，并且其结构以一定的节奏动态变化着。这就意味着，某原子之所以具有特定的性质，是因为其以一种特定的节奏运动着。当然，随着科学的发展，人们发现了组成电子的更小微粒：质子和中子。

但是这种新的物质理论证明："物质在本质上是过程或活动，或某种非常像生命的东西"，"它的活动必然存在着双重特征：首先处于与自身的联系中，其次处于与别的所谓粒子的联系中。在其与自身的联系中，它是一种自我发展因而是自我维持的过程,即一种自足且持久的过程"。**❶** 因此,这种新的物质理论在一定程度上印证了万物皆有且自有生命这一古老命题。当然,"这种新的理论对泛灵论或物活论,或者对有机体的生命过程与原子的物理过程之间的任何混淆,都没有作出丝毫让步"**❷**,因而物质不能等同于生命,但是它毕竟预示了一种趋向,一种物质走向生命的趋势。

与此同时,科学的发展也印证了中国古代生命一元论的第三个要点:万物处于生生相连的过程与整体中。我们在前文讲到,"通"与"变"是中国古代"融贯性"思想的重要特性,这也是其思想基础——生命一元论——的重要特性,生命的本质在于运动,在于过程。物质在根本上同样是运动或过程。

因此,当代科学的发展与中国古代哲思可谓殊途同归,尽管二者对"生命"本身的理解有所不同,但是在以生命为基准从而统一人与天地万物这方面却是一致的。如刘成纪所言:"假如人与物质世界都是一种生命存在,那么这个世界也就由差异、对立走向了统一和和谐。也就是说,传统美学总是将和谐作为美的理想,现在则可认为这种理想就是事物的本然状态。"**❸** 在此基础上,我们不妨进一步想象,倘若生命的本质在于活动或过程,而不是僵死、不变的,或者说生命之为生命正在于其自主的活动,那么,趋向生命的物质是否也能进行与人类活动相类的活动,抑或是现今的人类智慧还不能完全认识?

人类曾认为能控制自然,实际上这种自大的心态恰恰表明我们对自然知之甚少。狄德罗在18世纪时就主张"物质一定是有感觉的。组成一块石头的分子在积极地寻求某种结合而拒绝别种结合,因而它们的喜好和厌恶是受支配的。从这个意义上说,连石头也是有感觉的……人所具有的灵魂并不比蜜蜂所具有的多"**❹**。在狄德罗之后,不断发展的科学证明了这并非

---

❶ R. G. Collingwood, *The Idea of Nature*, London: Oxford University Press, 1945, p. 147, p. 150.

❷ R. G. Collingwood, *The Idea of Nature*, London: Oxford University Press, 1945, p. 147.

❸ 刘成纪:《自然美的哲学基础》,武汉大学出版社2008年版,第158页。

❹ [比]伊·普里戈金、[法]伊·斯唐热:《从混沌到有序——人与自然的新对话》,曾庆宏、沈小峰译,上海译文出版社1987年版,第122~123页。

无稽之谈，就像某种预言一般，我们正在沿着狄德罗曾经走过的路向前行进。

进一步讲，就审美活动而言，达尔文在 19 世纪已指出审美活动并非人类专属。他提出："如果雌鸟不能够欣赏其雄性配偶的美丽颜色、装饰品和鸣声，那么雄鸟在雌鸟面前为了炫耀它们的美丽所作出的努力和所表示的热望，岂不是白白浪费掉了，这一点是不可能予以承认的……总归人类和许多低等动物都一样地喜欢同样的颜色、同样的优雅色调和形状以及同样的声音。"❶ 尽管大多数动物的审美活动都是为了求偶，但这仍然说明：人与动物在进化意义上的"连续性"意味着审美活动绝非人类之专属。

总之，要真正实现人与自然之间的共生，就要走向生命。"万物皆有生命，万物各有其主体性，这是生态美学确立的观念。如果我们由此承认自然中的万物都是独立自主的生命个体，那么人自命的高贵，以及人以此为基础建立起的对自然的控制、役使权力，也就失去了继续存在的合法性。"❷ 因此，只有认识到天地万物皆有且自有生命，并且万物均处于生生相连的整体中，从而在最根本的生命层面与自然建立起平等的关系，我们才能真正实现人与自然的共生。

在此基础上，要在整个的思维方式层面采用"生命模式"，而非"实体模式"或"技术模式"。我们知道，自古希腊开始，西方思维方式的主流就是实体性思维，随着现代科学技术的发展，这种实体性思维方式更是愈演愈烈。伯林特正是在这个意义上指出："在其近两千五百年的大部分历史中，西方哲学都通过揭示世界的构成和结构而不是其联系和连续性来把握世界。"❸ 因而，也正是基于这样的考量，他以"连续性"为基本原则建构其美学体系。如前文所述，当代西方环境美学的大部分理论在反传统

---

❶ ［英］达尔文：《人类的由来及性选择》，叶笃庄、杨习之译，北京大学出版社 2009 年版，第 60 页。

❷ 刘成纪：《自然美的哲学基础》，武汉大学出版社 2008 年版，第 269 页。

❸ Arnold Berleant, *Living in the Landscape*: *Toward an Aesthetics of Environment*, Lawrence：University Press of Kansas, 1997, p. 5.

的过程中陷于传统的泥淖,伯林特之所以能取得重要突破,是因为他在更深层的思维方式层面跳脱出传统的框架,不再以分析的、区别的思维方式,而以综合的、联系的思维方式思考世界。

我们也讲到,伯林特的转变仍然是不彻底的,他的问题在于以分析的方法行综合之事,先分析,然后再以分析的结果去综合,因而路径和结果之间终究存在裂隙。以伯林特的"审美场"理论为例,他提出"审美场"中各个审美要素是相互交融、相互作用的统一体。然而,这一结论的得出是通过对"审美场"中四大审美要素(艺术品、审美感知者、艺术家、表演者)的分析得出的。尽管伯林特也强调这种分析仅限于理论层面,在现实的审美活动中,四大审美要素是无法明确区分的。但是倘若没有这种分析,伯林特便无法证明"审美场"的综合性与统一性。

此种裂隙在中国生态审美思想中是不存在的,因为它用综合的方法行综合之事,故而路径和结果之间不存在裂隙,这种综合方法的核心就是"生命模式"。德国学者彼得·科斯洛夫斯基就指出:"关于文化的思想必须以生命模式、以边缘与中心的有机融合的发展模式为导向,而不是以技术进程模式为导向。只有这样,才能保证文化的有机发展。"❶ 如前文所述,此种生命模式不仅让人意识到万物皆有且自有生命,而且重要的是,它让人们认识到万物均处于一个生生相连的过程与整体中。如成复旺所言:

> 要把人与自然统一起来,就只有走向"生命",把世界看做一个有机关联的整体。何况人与自然的关系并不仅仅是人与自然界的关系,理性与感性、精神与物质、灵魂与肉体,种种关系均在其中。虽然人类的发展不能没有这一系列的二元对立,但从根本上说,人类总还是要寻求它们的对立统一。而能够把这一系列二元对立统一起来的,也

---

❶ [德]彼得·科斯洛夫斯基:《后现代文化——技术发展的社会文化后果》,毛怡红译,姚燕校,柴方国审校,中央编译出版社1999年版,第79~80页。

只有生命，只有化育万物、生生不息的宇宙大生命。总之，要挽救现代文化的危机，就必须从"技术模式"转向"生命模式"。❶

因此，当代生态美学只有在"生命模式"的基础上才能真正实现人与自然的统一与共生，进而，只有以"生命模式"贯穿整个生态审美活动，才能真正去除传统审美方式中的人类中心主义色彩，使审美活动更接近万物的生命本质，从而实现生态审美救赎。

在生态审美中，人与自然之间的关系必定是连续的或融贯的，只是不同理论所呈现的二者相连续或融贯的程度有所不同。而人与自然之间"连续性"或"融贯性"的理想状态必定要以"生命模式"为基础，从而使人与自然之间形成生命整体而不是物质整体，实现人与自然之间真正的"共生"。唯有如此，才能形成理想的生态审美模式。

---

❶ 成复旺：《走向自然生命——中国文化精神的再生》，中国人民大学出版社 2004 年版，第 11 ~ 12 页。

余 论

本书在梳理西方环境美学之前"连续性"思想的发展脉络时，重点探讨了古希腊的"连续性"思想，以及莱布尼茨和杜威理论体系内的"连续性"思想。实际上，还有很多理论家即便未像莱布尼茨和杜威一样，将"连续性"置于如此重要的地位，但或多或少都有与之相关的思想。因而，如果说在过去两千五百年历史的大部分时间中，西方哲学主要通过揭露世界的构成和结构来理解世界❶，那么在这种主流的思维方式之外，关注世界的联系和"连续性"的思维方式实际上从未断绝，尽管它的声音微弱并且在相当长的时期内都处于边缘位置，但其发展脉络仍然是有迹可循的。尤其随着后现代思潮的发展，西方哲学传统中实体性的、分析式的思维方式遭到批判，非实体性的、综合性的思维方式得到越来越多的重视和强调。并且这不仅发生在哲学中，物理学、生物学等自然科学同样如此，而"连续性"恰恰是非实体性的、综合性思维方式中的一种。从某种程度上可以说，"连续性"思想是兴起于 20 世纪 60 年代的环境美学必然会有的时代烙印。

然而，既然已有"联系""关系""综合"等众多的概念可以用来描述这种新的思维方式，为何还要着重强调"连续性"？因为我们面对的是环境美学的语境，是环境审美的特殊性使"连续性"思想走向了台前。"连续性"的实质是过程性的关系，能更好地表现环境及环境审美的特质。反之，环境美学这一语境也为更具象地理解"连续性"思维方式提供了一种有效的方式。

当然，"连续性"思维方式不应局限于环境美学，而应成为人们理解整个世界的一种方式。与此同时，环境美学的特殊性不仅在于所谓的"审

---

❶ See Arnold Berleant, *Living in the Landscape*: *Toward an Aesthetics of Environment*, Lawrence: University Press of Kansas, 1997, p. 5.

美对象"由以往的艺术转向"环境",还在于它的强烈的现实关怀,也正是地球日益加剧的生态危机和呼声高涨的环境保护运动催生了环境美学。包括环境美学在内的美学学科以及其他诸多学科的生态转向,都在启发我们重新认识自我与环境以及人类与世界的关系。事实上,当今的生态危机已经不容乐观,以全球变暖为例,可以对比一下联合国政府间气候变化专门委员会(IPCC)于 2018 年和 2023 年发布的两份报告。针对 2015 年《巴黎协定》的评估报告,2018 年《全球升温 1.5℃特别报告》指出,虽然 1.5℃与 2℃只差半摄氏度,但两者的后果差异却不成比例。例如,至 2100 年时,相比全球平均气温上升 2℃带来的后果,全球平均气温上升 1.5℃能使全球海平面上升幅度减少 10 厘米,这意味着 1000 万人免于海平面上升的威胁。此外,极端天气也会更少,生物多样性能得到更好的保存,面临缺水的人口会减少一半,而数亿人将免于陷入贫困,等等。实际上,全球平均气温上升 1.5℃本身也并不意味着安全,只是相较之下,后果没那么严重。然而按照当前的变暖速度,全球平均气温上升 1.5℃可能在 2030—2052 年就将达到。2023 年,第六次评估报告《气候变化 2023》(AR6 Synthesis Report：Climate Change 2023)指出,在 2021—2040 年,全球平均气温升温达到或超过 1.5℃的可能性超过 50%,若要将升温限制在 1.5℃内,温室气体排放需要在 2025 年前达到峰值。因此,过去我们对待这个世界的方式已经让我们自食恶果了,如大卫·格里芬(David Ray Griffin)所述,我们可以仅仅通过继续一切照旧就能终结文明。❶

因而,转变已迫在眉睫,汤因比曾犀利地指出:

自从旧石器晚期以来,大约从 70000—40000 年之前,人类就一直在侵害生物圈的其他部分。但人类成为生物圈的主宰只是工业革命开

---

❶ 参见〔美〕大卫·格里芬："生态危机:建设性后现代主义是否有助益",见曾繁仁、〔美〕大卫·格里芬主编:《建设性后现代思想与生态美学(上卷)》,山东大学出版社 2013 年版,第 24 页。

始后的事情，至今不过 200 年。在这 200 年中，人类已使他的物质力量增大到足以威胁生物圈生存的地步；但是他精神方面的潜能却未能随之增长。结果是两者之间的鸿沟在不断地扩大。这种不断扩大的裂隙使人忧心忡忡。因为人类精神潜能的提高，是目前能够挽救生物圈的生物圈构成要素中惟一可以信赖的变化。❶

思维方式的转变是人类精神潜能提高的重要方面，以"连续性"的思维方式认识世界，不把世界分割成各种不同的结构和构成，才能清晰地看到人与整个世界的深刻的内在联结，由此才能认识到人类的渺小，改变自工业革命以来日益膨胀的自大心态，以更博大的胸怀关注人类以外的其他生物及整个地球的命运。因此，我们不妨在更宽泛的一般意义上理解"连续性"，重视事物之间普遍存在的、内在的联结，并在生活中践行"连续性"的思维方式。

那么，如何才能在日常生活中践行"连续性"的思维方式？我认为关键是要活在当下。我们生存于这个世界、存在于这个地球上，日常的衣、食、住、行都与这个世界、与我们的地球发生着千丝万缕的联结，只是我们常常意识不到这一点。对此，海德格尔在分析凡·高的画作《鞋》时，给了我们一个绝佳的示例：

从鞋具磨损的内部那黑洞洞的敞口中，凝聚着劳动步履的艰辛。这硬邦邦、沉甸甸的破旧农鞋里，聚积着那寒风料峭中迈动在一望无际的永远单调的田垄上的步履的坚韧和滞缓。鞋皮上粘着湿润而肥沃的泥土。暮色降临，这双鞋底在田野小径上踽踽而行。在这鞋具里，回响着大地无声的召唤，显示着大地对成熟谷物的宁静馈赠，表征着大地在冬闲的荒芜田野里朦胧的冬眠。这器具浸透着对面包的稳靠性

❶ ［英］汤因比：《人类与大地母亲》，徐波等译，上海人民出版社 2001 年版，第 513 页。

无怨无艾的焦虑，以及那战胜了贫困的无言喜悦，隐含着分娩阵痛时的哆嗦，死亡逼近时的战栗。这器具属于大地（Erde），它在农妇的世界（Welt）里得到保存。❶

海德格尔通过解读《鞋》这一器具，向我们呈现了艺术品之为艺术品的原因。鞋不只是农妇穿在脚上的生活用品，它的内里“回响着大地无声的召唤”，它的背后蕴藏着整个世界的温度。我们恰恰应以这样的方式去感受生活，把整个世界看作一个巨大的连续体去体味。例如，人的生存离不开食物，但食物不仅意味着某种植物或动物，它还意味着特定的水、土壤和空气，意味着大地的厚度，以及地球甚至是宇宙的馈赠，意味着各样的农具和农人的汗水，所有这一切以及更多都蕴含在我们吃下去的每一口食物中。活在当下并感受这种联结，不仅是审美的要求，也是幸福生活的保证。

---

❶ ［德］海德格尔：《林中路》，孙周兴译，商务印书馆 2015 年版，第 20 页。

参考文献

一、中文文献

（一）古籍

[1] （魏）王弼，注. 楼宇烈，校释. 老子道德经注 ［M］. 北京：中华书局，2011.

[2] （宋）程颢，（宋）程颐. 二程遗书 ［M］. 上海：上海古籍出版社，2000.

[3] （宋）张载. 张载集 ［M］. 章锡琛，点校. 北京：中华书局，1978.

[4] （宋）朱熹. 四书章句集注·论语集注 ［M］. 北京：中华书局，2011.

[5] （宋）朱熹. 四书章句集注·孟子集注 ［M］. 北京：中华书局，2011.

[6] （宋）朱熹. 四书章句集注·中庸章句 ［M］. 北京：中华书局，2011.

[7] （清）郭庆藩，撰. 庄子集释 ［M］. 北京：中华书局，2004.

[8] （清）阮元，校刻. 十三经注疏·周易正义 ［M］. 北京：中华书局，1980.

[9] （清）苏舆，撰. 春秋繁露义证 ［M］. 钟哲，点校，北京：中华书局，1992.

[10] 顾惕生. 中庸郑注讲疏 ［M］. 南京：至诚书店，1937.

[11] 黄晖，撰. 论衡校释 ［M］. 北京：中华书局，1990.

[12] 姚春鹏，译注. 黄帝内经 ［M］. 北京：中华书局，2010.

[13] 张双棣，撰. 淮南子校释（增订本）［M］. 2 版. 北京：北京大学出版社，2013.

（二）中文著作

[1] 成复旺. 走向自然生命——中国文化精神的再生 ［M］. 北京：中国人民大学出版社，2004.

[2] 程相占. 生生美学论集：从文艺美学到生态美学 ［M］. 北京：人民出版社，2012.

[3] 程相占，等. 西方生态美学史 ［M］. 济南：山东文艺出版社，2021.

[4] 程宜山. 张载哲学的系统分析 ［M］. 上海：学林出版社，1989.

［5］戴黍.《淮南子》治道思想研究［M］. 广州：中山大学出版社，2005.

［6］段德智. 莱布尼茨哲学研究［M］. 北京：人民出版社，2011.

［7］方东美. 原始儒家道家哲学［M］. 北京：中华书局，2012.

［8］方东美，著. 李溪，编. 生生之美［M］. 北京：北京大学出版社，2009.

［9］冯契，徐孝通，主编. 外国哲学大辞典［M］. 上海：上海辞书出版社，2000.

［10］戈峰，主编. 现代生态学［M］. 北京：科学出版社，2008.

［11］古风. 意境探微：上卷［M］. 南昌：百花洲文艺出版社，2009.

［12］梁漱溟. 东西文化及其哲学［M］. 北京：商务印书馆，2010.

［13］刘成纪. 自然美的哲学基础［M］. 武汉：武汉大学出版社，2008.

［14］蒙培元. 人与自然——中国哲学生态观［M］. 北京：人民出版社，2004.

［15］彭锋. 完美的自然——当代环境美学的哲学基础［M］. 北京：北京大学出版社，2005.

［16］彭富春. 论大道［M］. 北京：人民出版社，2020.

［17］人民出版社，编. 中国哲学范畴集［M］. 北京：人民出版社，1985.

［18］徐复观. 中国艺术精神［M］. 桂林：广西师范大学出版社，2007.

［19］叶朗. 中国美学史大纲［M］. 上海：上海人民出版社，1985.

［20］叶秀山. 前苏格拉底哲学研究［M］. 北京：生活·读书·新知三联书店，1982.

［21］曾繁仁. 生态美学导论［M］. 北京：商务印书馆，2010.

［22］曾繁仁. 生态美学基本问题研究［M］. 北京：人民出版社，2015.

［23］曾繁仁，［美］大卫·格里芬，主编. 建设性后现代思想与生态美学：上卷［M］. 济南：山东大学出版社，2013.

［24］章安琪，编订. 缪灵珠美学译文集：第二卷［M］. 北京：中国人民大学出版社，1987.

［25］张岱年. 张岱年全集：第一卷［M］. 石家庄：河北人民出版社，1996.

［26］张岱年. 张岱年全集：第二卷［M］. 石家庄：河北人民出版社，1996.

［27］张法. 西方当代美学史——现代、后现代、全球化的交响演进（1900 至今）［M］. 北京：北京师范大学出版社，2020.

［28］张法. 中国美学史：修订本［M］. 成都：四川人民出版社，2020.

［29］张法. 中西美学与文化精神［M］. 北京：中国人民大学出版社，2020.

［30］张景中. 数学与哲学［M］. 2 版. 大连：大连理工大学出版社，2016.

[31] 《自然辩证法百科全书》编辑委员会，编. 于光远，等主编. 自然辩证法百科全书 [M]. 北京：中国大百科全书出版社，1995.

[32] 张志伟，主编. 形而上学的历史演变 [M]. 北京：中国人民大学出版社，2016.

[33] 宗白华. 艺境 [M]. 北京：北京大学出版社，1987.

（三）中文论文

[1] 陈国雄. 环境审美模式建构的理论论争 [J]. 郑州大学学报：哲学社会科学版，2017，50（1）：5 – 8.

[2] 陈望衡. 环境美学的兴起 [J]. 郑州大学学报：哲学社会科学版，2007，40（3）：80 – 83.

[3] 陈望衡. 环境美学是什么？[J]. 郑州大学学报：哲学社会科学版，2014，47（1）：101 – 103.

[4] 陈亚军. 杜威经验学说的背景与结构 [J]. 浙江学刊，2022（1）：164 – 172.

[5] 程相占. 美国生态美学的思想基础与理论进展 [J]. 文学评论，2009（1）：69 – 74.

[6] 程相占. 论生态美学的美学观与研究对象——兼论李泽厚美学观及其美学模式的缺陷 [J]. 天津社会科学，2015（1）：136 – 142.

[7] 程相占. 环境美学的理论思路及其关键词论析 [J]. 山东社会科学，2016（9）：16 – 23.

[8] 邓军海. 连续性形而上学与阿诺德·伯林特的环境美学思想 [J]. 郑州大学学报：哲学社会科学版，2008，41（1）：148 – 151.

[9] 高建平. 实用与桥梁——访理查德·舒斯特曼 [J]. 哲学动态，2003（9）：16 – 19.

[10] 高建平. 读杜威《艺术即经验》（一）[J]. 外国美学，2014（1）：230 – 256.

[11] 胡友峰. 景观设计何以成为生态美学——以贾科苏·科欧为中心的考察 [J]. 西南民族大学学报：人文社科版，2019，40（4）：161 – 168.

[12] 胡友峰. 生态美学理论建构的若干基础问题 [J]. 南京社会科学，2019（4）：122 – 130，137.

[13] 李红. 形而上学的本质与历史——访牛津大学穆尔教授 [J]. 哲学动态，2018（6）：99 – 103.

[14] 李庆本. 卡尔松与欣赏自然的三种模式 [J]. 山东社会科学，2014（1）：86 – 90.

[15] 李如. 环境哲学中科学认知主义的真美善统一问题 [J]. 自然辩证法研究，2023，39

（7）：22 – 27.

[16] 廖建荣. 论环境审美的参与模式 ［J］. 贵州大学学报：社会科学版, 2017, 35（1）：41 – 44.

[17] 刘成纪. 汉代哲学的天人同构论及其美学意义 ［J］. 上海师范大学学报：哲学社会科学版, 2006, 35（6）：37 – 44, 8.

[18] 汤一介. 论中国传统哲学中的真、善、美问题 ［J］. 中国社会科学, 1984（4）：73 – 83.

[19] 肖双荣. 主体美学如何走向环境 ［J］. 西北师大学报：社会科学版, 2012, 49（4）：7 – 10.

[20] 谢文郁, 谢一批. 苏格拉底以前哲学家的本源论 – 本原论思路探讨——从 φνσιϛ 和 αρχη 的汉译谈起 ［J］. 云南大学学报：社会科学版, 2015, 14（2）：25 – 34, 111.

[21] 谢应光. 语言研究中的离散性和连续性概念 ［J］. 重庆师范大学学报：哲学社会科学版, 2008（2）：61 – 66.

[22] 薛富兴. 艾伦·卡尔松的科学认知主义理论 ［J］. 文艺研究, 2009（7）：22 – 34.

[23] 薛富兴. 论艾伦·卡尔松的"环境模式" ［J］. 南开学报：哲学社会科学版, 2010（1）：60 – 70.

[24] 薛富兴. 艾伦·卡尔松论功能不确定性与转化问题 ［J］. 鄱阳湖学刊, 2012（3）：35 – 48.

[25] 薛富兴. 艾伦·卡尔松论人类环境的审美欣赏 ［J］. 西北师大学报：社会科学版, 2013, 50（4）：43 – 48.

[26] 薛富兴. 环境美学的基本理念 ［J］. 美育学刊, 2014, 5（4）：1 – 11.

[27] 曾繁仁. 改革开放进一步深化背景下中国传统生生美学的提出与内涵 ［J］. 社会科学辑刊, 2018（6）：39 – 47, 2.

[28] 曾繁仁. 跨文化研究视野中的中国"生生"美学 ［J］. 东岳论丛, 2020, 41（1）：98 – 108, 191 – 192.

[29] 曾繁仁. 试论生态美学的学科定位及有关问题——兼答杜学敏有关生态美学的几点质询 ［J］. 陕西师范大学学报：哲学社会科学版, 2023, 52（4）：35 – 43.

[30] 赵奎英. 论自然生态审美的三大观念转变 ［J］. 文学评论, 2016（1）：145 – 153.

[31] 赵奎英. 卡尔松自然环境模式的艺术化倾向与对象性特征 ［J］. 天津社会科学, 2016（4）：132 – 137.

[32] 赵红梅. 美与善的汇通——罗尔斯顿环境思想评述 [J]. 郑州大学学报：哲学社会科
学版，2009，41（1）：152 – 155.

（四）中译著作

[1]　[美] 阿诺德·伯林特. 环境美学 [M]. 张敏，周雨，译. 长沙：湖南科学技术出版
社，2006.

[2]　[美] 阿诺德·伯林特，主编. 环境与艺术：环境美学的多维视角 [M]. 刘悦笛，等
译. 重庆：重庆出版社，2007.

[3]　[美] 阿诺德·柏林特. 美学与环境——一个主题的多重变奏 [M]. 程相占，宋艳霞，
译. 开封：河南大学出版社，2013.

[4]　[美] 阿诺德·柏林特. 美学再思考——激进的美学与艺术学论文 [M]. 肖双荣，译.
陈望衡，校. 武汉：武汉大学出版社，2010.

[5]　[加] 艾伦·卡尔松. 自然与景观 [M]. 陈李波，译. 长沙：湖南科学技术出版社，2006.

[6]　[加] 艾伦·卡尔松. 从自然到人文——艾伦·卡尔松环境美学文选 [M]. 薛富兴，
译. 孙小鸿，校. 桂林：广西师范大学出版社，2012.

[7]　[美] 奥尔多·利奥波德. 沙乡年鉴 [M]. 侯文蕙，译. 长春：吉林人民出版社，1997.

[8]　[英] 贝根，[新西兰] 汤森，[英] 哈珀. 生态学——从个体到生态系统 [M]. 第四
版. 李博，张大勇，王德华，等译. 北京：高等教育出版社，2016.

[9]　北京大学哲学系外国哲学史教研室，编译. 古希腊罗马哲学 [M]. 北京：生活·读
书·新知三联书店，1957.

[10] 北京大学哲学系外国哲学史教研室，编译. 西方哲学原著选读：上卷 [M]. 北京：
商务印书馆，1981.

[11] [德] 彼得·科斯洛夫斯基. 后现代文化——技术发展的社会文化后果 [M]. 毛怡
红，译. 姚燕，校. 柴方国，审校. 北京：中央编译出版社，1999.

[12] [英] 达尔文. 人类的由来及性选择 [M]. 叶笃庄，杨习之，译. 北京：北京大学出
版社，2009.

[13] [加] 格林·帕森斯，[加] 艾伦·卡尔松. 功能之美——以善立美：环境美学新视
野 [M]. 薛富兴，译. 开封：河南大学出版社，2015.

[14] [德] 海德格尔. 林中路 [M]. 孙周兴，译. 北京：商务印书馆，2015.

［15］［德］黑格尔. 哲学史讲演录：第一卷［M］. 贺麟，王太庆，译. 北京：商务印书馆，
　　　1983.

［16］［德］黑格尔. 哲学史讲演录：第四卷［M］. 贺麟，王太庆，译. 北京：商务印书馆，
　　　1978.

［17］［日］后藤武，［日］佐佐木正人，［日］深泽直人. 设计的生态学［M］. 黄友玫，
　　　译. 桂林：广西师范大学出版社，2016.

［18］［美］凯·埃·吉尔伯特，［联邦德国］赫·库恩. 美学史：上［M］. 夏乾丰，译.
　　　上海：上海译文出版社，1989.

［19］［德］康德. 判断力批判［M］. 邓晓芒，译. 北京：人民出版社，2002.

［20］［德］莱布尼茨. 人类理智新论：上册［M］. 陈修斋，译. 北京：商务印书馆，2011.

［21］［德］莱布尼茨. 神正论［M］. 段德智，译. 北京：商务印书馆，2016.

［22］［英］罗素. 数理哲学导论［M］. 晏成书，译. 北京：商务印书馆，2012.

［23］［英］汤因比. 人类与大地母亲［M］. 徐波，等译. 上海：上海人民出版社，2001.

［24］［德］文哲. 康德美学［M］. 李淳玲，译. 台北：联经出版事业股份有限公司，2011.

［25］［古希腊］亚里士多德. 范畴篇 解释篇［M］. 方书春，译. 北京：商务印书馆，1959.

［26］［古希腊］亚里士多德. 物理学［M］. 张竹明，译. 北京：商务印书馆，1982.

［27］［古希腊］亚里士多德. 形而上学［M］. 吴寿彭，译. 北京：商务印书馆，1959.

［28］［比］伊·普里戈金，［法］伊·斯唐热. 从混沌到有序——人与自然的新对话
　　　［M］. 曾庆宏，沈小峰，译. 上海：上海译文出版社，1987.

［29］［美］尤金·哈格洛夫. 环境伦理学基础［M］. 杨通进，江娅，郭辉，译. 重庆：重
　　　庆出版社，2007.

［30］［美］约翰·杜威. 艺术即经验［M］. 高建平，译. 北京：商务印书馆，2010.

［31］［芬］约·瑟帕玛. 环境之美［M］. 武小西，张宜，译. 长沙：湖南科学技术出版社，
　　　2006.

［32］中共中央马克思恩格斯列宁斯大林著作编译局, 编译. 马克思恩格斯选集：第 3 卷
　　　［M］. 北京：人民出版社，2012.

［33］方东美. 中国哲学精神及其发展：上［M］. 孙智燊，译. 北京：中华书局，2012.

［34］金岳霖. 道、自然与人——金岳霖英文论著全译［M］. 王路，等译. 北京：生活·读
　　　书·新知三联书店，2005.

（五）中译论文

［1］［美］杜维明. 存有的连续性：中国人的自然观［J］. 刘诺亚，译. 世界哲学，2004（1）：86 –91.

［2］［英］罗纳德·赫伯恩. 当代美学与自然美的忽视［J］. 李莉，译. 山东社会科学，2016（9）：5 –15.

二、外文文献

（一）外文著作

［1］ Allen Carlson. Aesthetics and the Environment：The Appreciation of Nature，Art and Architecture［M］. London & New York：Routledge Press，2000.

［2］ Allen Carlson. Nature and Landscape：An Introduction to Environmental Aesthetics［M］. New York：Columbia University Press，2009.

［3］ Allen Carlson，Arnold Berleant，eds. The Aesthetics of Natural Environments［C］. Peterborough：Broadview Press，2004.

［4］ Allen Carlson，Sheila Lintott，eds. Nature，Aesthetics，and Environmentalism：From Beauty to Duty［C］. New York：Columbia University Press，2007.

［5］ Andrew Light，Jonathan M. Smith，eds. The Aesthetics of Everyday Life［C］. New York：Columbia University Press，2005.

［6］ Arnold Berleant. Aesthetics and Environment：Variations on a Theme［M］. London & New York：Routledge Press，2005.

［7］ Arnold Berleant. Art and Engagement［M］. Philadelphia：Temple University Press，1991.

［8］ Arnold Berleant，ed. Environment and the Arts：Perspectives on Environmental Aesthetics［C］. Aldershot：Ashgate Publishing，2002.

［9］ Arnold Berleant. Living in the Landscape：Toward an Aesthetics of Environment［M］. Lawrence：University Press of Kansas，1997.

［10］ Arnold Berleant. Re – thinking Aesthetics［M］. Burlington：Ashgate，2004.

［11］ Arnold Berleant. The Aesthetic Field：A Phenomenology of Aesthetic Experience［M］. Christchurch：Cybereditions，2000.

[12] Arnold Berleant. The Aesthetics of Environment [M]. Philadelphia: Temple University Press, 1992.

[13] Arnold Berleant. Sensibility and Sense: The Aesthetic Transformation of the Human World [M]. Exeter & Charlottesville: Imprint Academic, 2010.

[14] Eduard Zeller. Outlines of the History of Greek Philosophy [M]. Sarah Frances Alleyne and Evelyn Abbott, trans. New York: Henry Holt and Company, 1889.

[15] Emily Brady. Aesthetics of the Natural Environment [M]. Edinburgh: Edinburgh University Press, 2003.

[16] George Lakoff. Women, Fire, and Dangerous Things: What Categories Reveal About the Mind [M]. Chicago & London: University of Chicago Press, 1987.

[17] George Santayana. The Sense of Beauty: Being the Outlines of Aesthetic Theory [M]. New York: Random House, Inc, 1955.

[18] Harold Osborne, ed. Aesthetics in the Modern World [C]. London: Thames and Hudson, 1968.

[19] James J. Gibson. The Ecological Approach to Visual Perception [M]. New York & Hove: Psychology Press, 1986.

[20] John Dewey. Art as Experience [M]. New York: G. P. Putnam's Sons, 1980.

[21] Marit K. Munson. The Archaeology of Art in the American Southwest [M]. Plymouth: AltaMira Press, 2011.

[22] Malcolm Budd. The Aesthetic Appreciation of Nature [M]. Oxford: Oxford University Press, 2002.

[23] Noel G. Charlton. Understanding Gregory Bateson: Mind, Beauty, and the Sacred Earth [M]. Albany: the State University of New York Press, 2008.

[24] R. G. Collingwood. The Idea of Nature [M]. London: Oxford University Press, 1945.

[25] Ronald Moore. Natural Beauty: A Theory of Aesthetics Beyond the Arts [M]. Peterborough: Broadview Press, 2008.

[26] Salim Kemal, Ivan Gaskell, eds. Landscape, Natural Beauty and the Arts [M]. Cambridge: Cambridge University Press, 1993.

（二）外文论文

［1］ Allen Carlson. Article Summary of Environmental Aesthetics ［EB/OL］. Routledge Encyclo-
pedia of Philosophy, 2011. ［2024 − 11 − 08］. https：//www. rep. routledge. com/articles/
thematic/environmental − aesthetics/v − 2.

［2］ Arnold Berleant. Some Questions for Ecological Aesthetics ［J］. Environmental Philosophy,
2016, 13 （1）: 123 − 135.

［3］ Cheryl Foster. The Narrative and the Ambient in Environmental Aesthetics ［J］. The Journal
of Aesthetics and Art Criticism, 1998, 56 （2）: 127 − 137.

［4］ Holmes Rolston Ⅲ. The Aesthetic Experience of Forests ［J］. The Journal of Aesthetics and
Art Criticism, 1998, 56 （2）: 157 − 166.

［5］ John L. Bell. Continuity and Infinitesimals ［EB/OL］. Stanford Encyclopedia of Philosophy.
First published Wed Jul 27, 2005; substantive revision Fri Sep 6, 2013. ［2024 − 11 − 08］.
https：//plato. stanford. edu/entries/continuity/.

［6］ Jon McGinnis. Ibn Sina's Natural Philosophy ［EB/OL］. Stanford Encyclopedia of Philosophy.
First published Wed Jul 27, 2005; substantive revision Fri Sep 6, 2013. ［2024 − 11 − 08］.
https：//plato. stanford. edu/entries/ibn − sina − natural/.

［7］ Kendall Walton. Categories of Art ［J］. The Philosophical Review, 1970, 79 （3）: 334 − 367.

［8］ Nick Zangwill. Formal Natural Beauty ［J］. Proceedings of the Aristotelian Society, 2001,
101 （1）: 209 − 224.

［9］ Robert Elliot. Faking Nature ［J］. Inquiry: An Interdisciplinary Journal of Philosophy,
1982, 25 （1）: 81 − 93.

后　记

　　我对西方环境美学的探究与对其中"连续性"问题的关注是同步的，这源自我在硕士二年级写的一篇课程论文，这篇论文主要分析伯林特环境美学中的"连续性"问题。此后，恰逢硕士论文选题，我就考虑能否把"连续性"问题的探究扩展到整个西方环境美学，因而开始大量阅读其他环境美学家的理论著作并论证扩展的可能性。此时，这种"同步"的优势就显现出来了，由于阅读文献时有了"连续性"问题这个锚点，方向很明确，因而比较顺利地确证了论题扩展的可行性。接下来，我便去和导师胡友峰教授交流，老师给了我极大的鼓励、包容和支持，让我放手去写，这才让我有勇气写成硕士论文《西方环境美学中的"连续性"问题研究》。

　　然而，当我以此为基础扩展、修改书稿时，我发现此种"同步"恰恰让我先入为主地以"连续性"的框架去看待问题，这在一定程度上也是一种限制。所以，修改书稿的一项重要工作便是打破这种限制，试图从西方环境美学的整体逻辑演进中去观照"连续性"问题，而不是相反。另外，由于西方环境美学也可在广义上看作生态美学，并主要以自然环境为审美对象，因而在导师的指导下，我读博期间便由此进入生态美学与自然美学的探究。工作之后，我以"自然美的意识形态性研究"为题获批国家社科基金青年项目，并担任河北大学青年科研创新团队"自然美学的中国话语建构研究团队"负责人，因此在着手修改本书书稿时，我增加了许多读博期间及工作之后的新思考，主要体现在第一章、第二章与第六章中。本书的部分内容曾以单篇论文的形式发表于《西南民族大学学报》《内蒙古社会科学》《中国美学研究》等期刊。然而，由于工作之后精力委实有限，书稿的修改毕竟不能尽如我意，诸多不妥的地方也请同行专家批评指正。

本书是我学术生涯的第一部著作，从我读硕士到现在开始指导硕士，它见证了我的学术之路的"连续性"。并且，"连续性"的思维方式和我个人的生活理念是契合的，或者说，实际上是这种思维方式在不断塑造着我，让我以更通透的方式去认识世界。我越来越能有意识地去感受万物之间的连续性，正如我在本书余论中所讲的，活在当下并感受这种联结，不仅是审美的要求，也是幸福生活的保证。

本书出版的过程得到了很多师长亲友的关怀和帮助。我最初和胡老师提及出版的想法、并邀请他为我作序时，他毫不犹豫地应允下来，给了我一如既往的鼓励和支持。时至今日，往昔仍历历在目，自读硕士以来，老师给了我无尽的勇气和力量，使我能够前行至此，师恩之情，难以言表。

2022年底，我进入河北大学工作，有幸加入文艺学这个温暖的大家庭，教研室老师们对我的工作和生活给予了诸多帮助。当我萌生将自己以往关于"连续性"的思考总结出版的念头时，对于出版我却一窍不通，是李进书老师给了我莫大的支持和鼓励。李老师积极为我推荐出版社、指导我申请出版经费和填报系统，并时常关心、督促书稿的修改进展。张进红老师对我的科研工作也给予了非常多的帮助，使我能更顺利地完成书稿修改工作，并在日后有充分的条件继续完善。而我最终和知识产权出版社的结缘，则是因为孟隋老师的热心推荐，他还耐心为我解答了诸多困惑。除此之外，教研室大家庭的胡海老师、张芳老师等诸位师友，也在本书出版过程中提供了很多宝贵建议，在此深表谢意。

对于我的想法和决定，父亲与母亲只有鼓励，从不评判，是他们给了我勇敢做自己的自由和空间。我的爱人杨来来在我修改书稿的过程中，和我一起做了很多校对的工作，并始终与我一同面对问题、解决问题。当我修改书稿感到疲惫时，闺蜜刘银鸽一如既往地做我最忠实的倾听者，在此致以特别的谢意。

　　我在修改完书稿、联系出版社时,一度以为不能按照预期时间出版了,是编辑罗慧老师温柔又坚定地告诉我能够按期完成,并以非常认真、严谨的工作态度推进书稿的审校和出版进程。在这个过程中,特别感谢罗老师的大力支持和精心审校,她除了严格把控书稿的质量,对于我不明白的问题总是耐心地解答并给予我很多鼓励和启发。本书得以顺利出版,离不开河北大学文学院的鼎力支持,于此一并感谢。

冯佳音

2025 年 4 月 30 日于保定莲池寓所